U0257115

集人文社科之思　刊专业学术之声

集 刊 名：环境社会学
主　　编：陈阿江
副 主 编：陈　涛
主办单位：河海大学环境与社会研究中心
　　　　　河海大学社会科学研究院
　　　　　中国社会学会环境社会学专业委员会

ENVIRONMENTAL SOCIOLOGY RESEARCH No.2 2023

2023年第2期（总第4期）

集刊序列号：PIJ-2021-436
中国集刊网：www.jikan.com.cn/环境社会学
集刊投约稿平台：www.iedol.cn

2023 年第 2 期（总第 4 期）

陈阿江　主编

环境社会学

ENVIRONMENTAL
SOCIOLOGY
RESEARCH

No.2 2023

社会科学文献出版社
SOCIAL SCIENCES ACADEMIC PRESS (CHINA)

河海大学中央高校基本科研业务费“《环境社会学》（集刊）编辑与出版”（B210207037）

"十四五"江苏省重点学科河海大学社会学学科建设经费

卷首语

本期以气候变化与"双碳"目标为专题。严峻的气候变化问题是当今全球面临的重大挑战。气候变化已然造成严重的生态和社会影响。在气候敏感脆弱区域，气候变暖导致的灾害频发已经严重影响到人们的日常生活和生计，衍生了贫困、失业、社会纽带断裂、人口贩卖、疾病、死亡等多种社会问题。与此同时，如何适应和应对气候变化在政府、学界、媒体、公众等各个层面成为热点话题。中国政府高度重视气候变化问题，提出"2030 年前实现碳达峰，2060 年前实现碳中和"的"双碳"战略目标。各地在宏观政策指引下纷纷制定出台地方性的碳达峰碳中和实施方案，碳治理已成为地方治理的重要领域。然而，无论是高碳生产系统的转型，以应对气候变化造成的社会问题，还是社会生活的低碳化转向，均非轻而易举之事。如此背景之下，环境社会学理当加深气候与社会议题领域的研究，为社会系统应对气候变化提供更好的认知基础。

本期聚焦气候变化的社会影响、社会感知、社会适应、社会应对、碳治理及产业低碳转型。其中，理论研究栏目中，《聚焦碳缘社会：气候社会学研究的核心议题刍议》一文围绕碳缘社会讨论气候社会学建构的必要性，阐释高碳社会运行的基本过程及其结构再生产逻辑，作者提出基于碳排放"问题链"以及碳治理实践构建气候社会学自主知识体系，应成为当前中国社会学界的重要使命。

气候变化的社会影响与社会适应栏目中，《全球气候治理中适应与减缓长期失衡的后果与前景》聚焦全球气候治理中适应与减缓长期失衡的重要问题，深入讨论这一问题引发的负面效应以及当下全球气候适应治理面临的众多障碍和瓶颈，并进一步强调深刻反思和转换思路，将适应和减缓相整合，从而促进可持续发展的气候韧性的发展。《气候变化背景下藏北昂孜错湖面扩张及其生计影响研究》以藏北为研究区域重点探讨气候变化引起的湖面扩张、草场淹没问题对草地载畜量以及牧民生计的影响，并就通过建立新牧业经营方式、分类补偿机制等路径增强牧民气候危机适应能力做出讨论。《气候变化对河中岛居民的社会经济影响及其适应策略——以孟加拉国戈伊班达县为例》一文基于对孟加拉国戈伊班达县河中岛家庭的实地调查，发现气候变化导致的极端洪水灾害等致使当地出现住房破坏、牲畜及作物损失、教育中断、人口贩卖等严重的经济社会问题，虽然当地居民已经形成一系列灾前、灾中、灾后适应策略，但其适应仍然面临诸多障碍。

气候变化的社会感知栏目中，《气候变化与非洲游牧民的感知》以西非尼日利亚中北部比达地区的游牧民为研究对象，发现这一群体对气候变化的发生有广泛而深刻的感知，他们对雨、草、热的变化极为敏感。气候变化对非洲游牧民产生了复合影响，而他们过去基于灵活性和流动性的传统适应能力越来越受到限制。《"自然敬畏感"与"想象共同体"的媒介仪式建构——以重庆居民微博高温讨论文本为例》以川渝高温为媒介事件，从媒介仪式建构的角度分析了居民对气候事件的态度、行动、互动，探讨人们通过何种途径以及如何建构了想象共同体的群体观念与自然敬畏的生态观念。

产业发展与碳治理栏目中，《燃料消耗与古代华北冶铁业的兴衰》以燃料消耗与燃料变革为切入点，探讨了中国古代华北地区的高能耗冶铁业的兴衰历程，也从侧面展现了区域产业发展与柴炭、煤炭等高碳型自然资源消耗的历史图景。《环境治理中的"沉默"之声——以秸秆禁烧中的农村社会为例》一文基于对农村秸秆焚烧中主体的参与研究，以敏锐的洞察力发现并展现了农民群体独特的"沉默"之声——"沉默"掩盖下的众声喧哗，作者认为这本质上是一种在特定社会结构和社会关系网络中的"沉默"之声。《技术治理创新与工业低碳转型的地方实践机制》关注当前各地广泛开展的工业低碳转型实践，基于案例地的地方实践，分析了地方政府通过技术治理创新推动工业低碳转型的社会过程及深层逻辑，作者研究发现以技术治理为驱动的"低碳生产的经济化"与"经济生产的低碳化"相辅相成，是当地工业碳治理取得突破的关键。

学术访谈栏目中，受访专家方恺教授针对碳足迹测算及其转化应用、中国的碳排放权分配与区域协同减排、全球气候治理以及如何基于跨学科方法研究气候议题等方面的多个具体议题展开了深入讨论，为我们理解气候治理领域的诸多问题提供了一系列极具启发性的观点。

气候变化问题具有深刻的社会制度、结构和文化根源，其应对需以经济生产和社会系统的整体性转型为前提。面对这一重大任务，大到宏观制度和政策的重构，小到脆弱社区的气候韧性建立，都面临重重挑战。循沿社会学直面社会问题的历史传统，本集刊后续将持续关注气候与社会议题，为加快气候适应和应对的知识体系建设做出贡献。

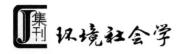

2023年第2期（总第4期）
2023年9月出版

聚焦碳缘社会：气候社会学研究的核心议题刍议[*]

王书明　王甘雨[**]

摘　要： 工业化时代碳排放引发的社会效应、碳治理需要的社会支持条件，是气候社会学研究的核心议题。以二氧化碳为典型的温室气体排放导致温室效应，成为工业化时代气候问题的起因，导致了一系列社会关系的结构性变化；"双碳"目标的提出是治理行动的开始，也是社会关系结构性调整的开始。就核心议题而言，气候社会学也可以被称为"碳缘社会学"，是对以碳循环为核心的社会关系网络的社会学研究。从社会学角度看，为实现"双碳"目标所结成的社会关系网络可以简称为"零碳社会"。在全球层面实现"零碳社会"并不是一个线性过程，而是一个复杂曲折的国际社会合作与博弈的过程，充满了不确定性。国际社会关系演变是碳缘 – 气候社会变化的基本变量。美国、欧盟的倒退行为与不确定的国际关系引发了碳治理的倒退。围绕碳缘社会提炼出具有研究纲领或范式意义的社会学概念、理论和话语体系，是中国社会学自主知识体系建设的重要使命。

关键词： 气候变化　碳缘社会　高碳社会　零碳社会

世界未有之大变局促使中国自主的社会学知识体系的建设与发展需要回应时代和实践的要求，以推动和引领世界社会学发展为目标，增

---

[*] 本研究是教育部人文社会科学研究规划基金项目"海洋生态文明建设的理论建构与实践路径研究"（项目编号：22YJA840012）、山东省社科规划重点项目"习近平新时代生态文明建设思想研究"（项目编号：18BXSXJ25）的阶段性成果。
[**] 王书明，中国海洋大学国际事务与公共管理学院教授，主要研究方向为环境社会学与生态文明建设、海洋社会学与海洋政策；王甘雨，中国海洋大学国际事务与公共管理学院硕士，浙江省舟山市公安局工作人员，主要研究方向为环境社会学、海洋社会学。

强回应当代世界与中国实践重大议题的能力，构建中国特色社会学话语体系，提升话语影响力。① 由碳排放和碳治理引发的气候－社会变化是影响世界格局的重要变量，也是格局的一部分，值得社会学界进行深入和长期的研究。2020 年，国家主席习近平在联合国生物多样性峰会上表示："中国将提高国家自主贡献力度……二氧化碳排放力争于 2030 年前达到峰值，努力争取 2060 年前实现碳中和。"② 实现碳中和的国家目标和全球目标，需要众多的社会行动者团结合作，动员全球社会资源，形成高效持久的、制度性和结构性的社会支持，推动社会结构实现绿色转型。这对于中国社会学，尤其是气候社会学的建设与发展，提出了更高、更紧迫的要求。本文主要谈三个问题：围绕碳缘社会讨论构建气候社会学研究领域的必要性；探讨高碳现实问题的结构性原因；结合国际社会利益结构的现实，讨论走向零碳社会道路的非线性路径，不能片面遵循实证主义数量化思维去预测未来和改造现实。

一　以碳缘社会为核心构建气候社会学研究领域

与时俱进，不断拓展社会学的界限，是费孝通先生晚年对中国社会学发展的心愿和期许，也是中国与世界社会学的发展趋势。人的社会性与生物性互相兼容，互相结合，这是社会学研究的基础。社会学研究的重点不仅仅是人的特殊的一面，还有人与自然相同或相通的方面，"人"和"自然"、"人"和"人"、"我"和"我"、"心"和"心"等社会学至今还难以直接研究的议题，是我们真正理解中国社会的关键。③ 实

---

① 洪大用：《超越西方化与本土化——新时代中国社会学话语体系建设的实质与方向》，《社会学研究》2018 年第 1 期。

② 《习近平在联合国生物多样性峰会上的讲话》，新华社，2020 年 9 月 30 日，https://baijiahao.baidu.com/s? id =1679270299423178634&wfr = spider&for = pc。

③ 费孝通：《试谈扩展社会学的传统界限》，《思想战线》2004 年第 5 期。

际上，这些问题也是理解整个人类社会运行本质和规律的关键。发源于西方的实证主义社会学范式，一开始严重忽视了自然界及其与人类社会互动整合的宏大意义。气候问题是影响全球的长时段、大空间的"宏大"问题，富集了众多复杂的人与自然、人与人的社会关系，是社会学拓展新领域、提出新思想、构建新理论最难也是最好的"问题域"之一，是一个从宏观到微观蕴含无数问题的新领域。中国社会学正在快速迈向新时代，需要不断强化问题意识、理论思维和实践导向，拓展学科边界，持续增强支撑中国与世界绿色发展实践的能力。① 由高碳排放引发的气候问题导致的人类层面的社会危机，还没有成为中国社会学研究的重点领域。在欧美，气候研究虽然处于世界领先水平，但没有成为社会学的重点研究领域。

本文强调的是，气候变化不是气候社会学研究的核心，碳缘社会才是核心议题。碳缘社会是指围绕从碳排放到碳治理所形成的社会关系与生态网络的生产与再生产体系与过程。碳缘社会是一个有生命的生态体系和过程，并不是一个静止的线性的网络关系。工业化的生产与扩大再生产过程产生了高碳排放的螺旋式发展结构。从欧洲开始扩展到美洲、亚洲乃至全世界的全球化、工业化走到哪里，高碳排放就走到哪里。工业化的全球化过程就是高碳排放的全球化过程。全球规模的大工业生产导致全球规模的高碳排放②。全球规模的高碳排放导致全球温室效应——气候暖化。气候暖化引发了全球范围的环境与社会交织在一起并不断放大的复合型危机。

因此，当代气候社会学并不是从概念上推演出来的对一般气候问题的社会学研究。当代气候社会学的现实需求主要来源于二氧化碳等温室气体排放导致的气候"问题链"，是复合、嵌套了自然与社会多重不确定性及其复杂性的宏大问题链，是世界各国面临的时空范围最大的

---

① 洪大用：《迈进中国环境社会学的新时代》，《环境社会学》2022 年第 1 辑。
② 二氧化碳长期、大规模排放，超出碳循环自然承载力的现象，简称高碳排放。

环境与社会问题，考验世界各国尤其是大国的治理体系和治理能力。社会学作为与时俱进的入世之学，必须积极全面研究影响"人类世"① 的气候变化及其与人类社会变迁的互动和融合。这是社会学，尤其是气候社会学实现革命性跃升的重大机遇。环境社会学突破了一般社会学的界限，把人与自然关系纳入社会学研究的学科框架之内，气候社会学突破了环境社会学的中层社会学视野，覆盖了从宏观到微观的所有问题领域，对于社会学将会有突破性的贡献。气候的全球治理是社会学面临的新领域，不应该仅仅将其视为国际关系或国际政治学科的问题域。邓拉普、吉登斯等社会学家已经做出了开拓性的贡献，中国社会学界应该建设性地反思这些研究成果，做出中国的贡献。

由温室气体排放导致的气候变化与社会结构性变迁，实际上不仅是资源－能源－环境－社会的问题链，在更深层次上说，还是工业主义制度和文化整体带来的负外部性，是"全球公域"问题，"外溢性"最为明显。② "工业主义是一种由工业现实所塑造的社会关系的综合制度……是一种基于科层－进步－工业相互连接的意识形态。"③ 社会学诞生于工业主义时代，为工业主义制度和文化做出了系统性的辩护，也应该积极主动地对工业主义时代做出深刻的、系统性的反思。气候社会学诞生于对工业文明的批判，成长于对生态文明的建构。如此看来，气候社会学的使命不仅是构建一个社会学的分支领域，还应该对社会学的整体产生革命性影响。

综上所述，碳缘社会是以碳排放及其治理为中心的社会运行及其结构优化的过程，可以抽象为一个圈层结构（见图1）。问题的原点是碳排放与碳治理（第一圈层）；碳排放与治理实践中的不当行动会引发

---

① 后文详细论述。

② 《美国损害全球环境治理报告》，中华人民共和国外交部网站，2020 年 10 月 19 日，http://bbs. fmprc. gov. cn/wjb_673085/zzjg_673183/tyfls_674667/xwlb_674669/202010/t20201019_7671146. shtml。

③ 罗伊·莫里森：《生态民主》，刘仁胜、张甲秀、李艳君译，北京：中国环境出版社，2016 年，第 19 页。

气候变化及其治理活动（第二圈层）；气候变化会衍生出一系列更广泛的生态环境问题及其治理活动（第三圈层）；碳排放、气候变化与生态环境问题会引发、形塑一系列社会问题及其治理活动（第四圈层）。针对碳排放、气候变化、环境问题和社会问题的长期的、整体性的治理，会逐步化解和解决气候变化问题、环境问题和社会问题。这一过程就是走向动态平衡的零碳社会的过程。

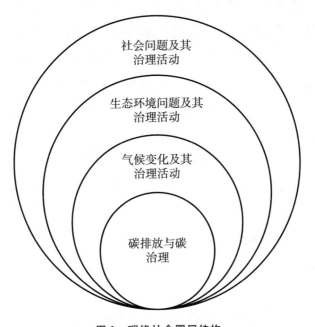

社会问题及其
治理活动

生态环境问题及其
治理活动

气候变化及其
治理活动

碳排放与碳
治理

图 1　碳缘社会圈层结构

邓拉普是勇于创新的社会学家，是环境社会学的创建者，也是气候社会学的创始人。由邓拉普和布鲁尔主编的《从社会学的视角看气候变化与社会》[①] 是气候社会学的创始之作，也是社会学的创新之作，值得我们认真研读、深挖。我国学者理应在吸收世界先进思想的同时，自觉创建中国特色的气候社会学理论，对气候研究做出中国学人的贡献。邓拉普指明了社会学在气候变化议题中所具有的重要价值：（1）社会

[①] Riley E. Dunlap and Robert J. Brulle, *Climate Change and Society: Sociological Perspectives*, Oxford: Oxford University Press, 2015.

学有助于探寻气候变化的社会根源，即主要的政治、经济及制度等驱动力；（2）有助于理解气候变化的社会影响，如气候移民、社会冲突和环境不公正等后果；（3）有助于分析影响社会对气候变化反应的主要因素；（4）有助于找到应对气候变化问题的综合策略。[①] 其论述对理解和解决气候变化议题提供了新的理论和经验视角，也由此证明社会学和其他社会科学需要更主动、充分地嵌入气候变化的研究体系中。人类社会和地球系统的动态关系已经进入了一个新纪元，被称作"人类世"。[②] 在这个纪元里，气候变化的动力深深根植于现代社会的社会生产、日常生活和社会结构之中。超过生态承载力的人为碳排放，导致气候暖化，这是21世纪最为重要、典型的全球性问题之一，由此带来的自然资源短缺与枯竭、社会冲突以及人口迁移等众多后果，促使人们重视对这一议题的科学研究。自然科学在扩展我们关于全球气候系统的认知上起到了基础性作用。但是，自然科学研究使气候变化议题从广泛的社会背景中脱嵌出来，因此，人文社会科学的任务就是把气候变化议题重新嵌入社会运行过程中。

吉登斯也是气候社会学的创建者，他更宏观地阐述了政治、经济、社会以及文化等方面对气候变化的影响，尝试通过全新的政治思维帮助政府应对气候变化。吉登斯提出，气候治理需要跨越两道门槛，第一道是如何将气候变化的议题纳入政治日程中，第二道是如何让气候变化议题深深植入制度和公众的日常生活中。[③] 在邓拉普看来，社会学能更综合地看待气候治理。（1）气候变化主要的驱动力根植于社会结构和制度、文化价值和信念以及社会实践，在分析气候变化影响因素时应进行全方位考察；（2）气候变化会造成气候移民、社会冲突和环境不

---

① 赖利·E. 邓拉普、罗伯特·J. 布鲁尔主编《穹顶之下的战役：气候变化与社会》，洪大用、马栋国等译，北京：中国人民大学出版社，2019年，第1~8页。

② 姜礼福：《"人类世"概念考辨：从地质学到人文社会科学的话语建构》，《中国地质大学学报》（社会科学版）2020年第2期。

③ 安东尼·吉登斯：《气候变化的政治》，曹荣湘译，北京：社会科学文献出版社，2009年，第1~17页。

公正等后果，威胁社会安定和经济社会的可持续发展；（3）公民社会及其形成的公众舆论以及"反运动"群体都会对气候变化议题走向产生重要影响，需要对其进行正确引导和利用；（4）在减缓和适应气候变化的努力方面，要从全球到各国的不同维度科学、充分地理解这些社会进程，从而找到公平而有效的应对策略。已有研究对气候变化的原因进行了较为全面的分析，都强调政府、社会组织和公众在应对气候变化方面的作用。① 社会学对气候变化的社会原因、后果、应对措施、影响治理进程的因素等方面的解读更为全面、细致和深入。社会学界所开展的这些独立知识探索，突破了当前自然科学研究的局限，开拓了关于气候变化的社会理论和经验视角，能够为未来应对全球气候变化提供新的和更加有效的策略。

需要注意的是，气候变化问题虽然确实是当今世界的一个重要议题，但远未成为最重要的议题，因此气候社会学的理论和实践还有很大的发展空间，需要动员全球各个国家和社会力量共同行动。而中国以"双碳"目标为导引的气候治理正在出现新趋势、新特点，因此在借鉴以上观点时还需要注意我国的气候问题在国情、影响因素及类型等方面的本土性和时代性。在理论研究方面，社会科学特别是社会学介入气候变化的讨论不够丰富。《中国应对气候变化的政策与行动》白皮书作为我国应对气候变化领域的指导性文件，既阐明了我国应对气候变化的基本思路，也充分体现了我国应对气候变化问题的坚定决心和切实行动。特别是近年来，作为改善气候变化的高效碳汇工具，蓝色碳汇的发展势头蓬勃向好。随着各界对蓝色碳汇的科学认知水平的不断提高，蓝碳开发技术也日趋成熟，蓝碳市场建设有了理论基础和技术支持。其他国家对于蓝碳有关标准的初步探索也取得了一定成果，这为我国蓝碳发展提供了有益借鉴。这些都将对我国温室气体减排、生态环境改善

---

① 赖利·E. 邓拉普、罗伯特·J. 布鲁尔主编《穹顶之下的战役：气候变化与社会》，洪大用、马栋国等译，北京：中国人民大学出版社，2019 年，"导论"、第 1~30 页。

起到积极作用。中国气候社会学也应当构建起自己的理论框架，对社会运行与气候问题之间的关系保持敏感，对社会经济发展进程与全球化进程保持自觉，针对中国面临的气候问题及其治理实践，基于自身研究成果，构建本土化的理论解释框架，制定具体的针对性策略，推动和引领气候社会学发展。

气候变化的人文社会科学研究存在许多认知分歧，正是在不同认知分歧的争论过程中催生了不同社会理论，推进了我们对气候变化本质与规律的认知和理解。[①] 社会科学在气候变化议题上进行了广泛研究，逐渐形成了三种范式。第一种范式把全球环境系统看作人类系统与自然系统之间一系列复杂的互动。批评者指出，这一范式从自然科学视角出发的研究框架，忽视了采用更广泛理论路径的社会科学，使得社会科学的视角持续被边缘化。[②] 第二种范式主要借助经济学和心理学的理论从个体层面分析气候变化与社会的互动。这些研究聚焦个人层面，忽视了制度、社会和文化视角，因此限制了分析的范围。第三种范式是后政治视角，强调气候变化议题的去政治化，强化了对现有社会－政治－生态状况的维持，受到了社会科学家越来越多的批判。尽管如此，人们已经意识到，气候变化议题的研究越来越需要社会科学的参与，社会科学尤其是社会学在这一议题中的重要价值也日益凸显。

自主构建中国特色的气候社会学非常重要。我国既是受气候变化影响最大的国家之一，又是有治理成效的大国，在治理理念与实践上已经走在世界前列，成为有担当的、负责任的、自觉的治理者。这为中国学界在学理上自觉建构兼具世界意义和中国特色的气候社会学提供了极佳的历史机遇。

构建独立自主的社会科学学科体系和话语体系，是国家治理体系

---

① 王书明、王玥：《气候变化、认知分歧与社会理论的演绎——罗·安东尼奥对气候社会学理论资源的梳理与反思》，《中共青岛市委党校．青岛行政学院学报》2020年第3期。

② 赖利·E. 邓拉普、罗伯特·J. 布鲁尔主编《穹顶之下的战役：气候变化与社会》，洪大用、马栋国等译，北京：中国人民大学出版社，2019年，第6～8页。

和能力现代化的科学支撑。有学者指出，"社会科学也是一个国家综合国力和国际竞争力的构成和体现，没有发达的社会科学就不可能有独立的国家社会经济运行机制、金融体制以及政府评价体系等架构"。①国家的重大需求、长远需求推动气候社会科学的蓬勃发展。气候社会学必须关心大时代的大问题。中国特色的气候社会学的构建是我国参与全球治理，与世界社会科学界交流、对话和相互借鉴的必要条件。

二　高碳社会及其结构的再生产

从碳缘社会的视角看，从欧洲起步的全球工业化社会可以简称为高碳社会：工业化社会造成了高碳排放，高碳排放支撑了工业化的高速发展，工业化与高碳排放的互动与互构形塑了近代以来数百年螺旋式持续循环的社会整体与细部的生产与再生产过程。

（一）　高碳排放造成的社会问题

碳排放引发的气候暖化不仅会影响人类获得清洁水源、食物和其他支撑人类生活的重要资源，而且带来了人类安置问题这一严重后果，也就是大量气候移民的出现。从国际上讲，全球暖化导致海平面不断上升，使一些国家和地区变得不再适合人类居住，因此这些国家和地区的大部分或全部人口最终将不得不离开故土、迁移到他国或他地。中国也是世界上遭受自然灾害较为严重的国家，气候变化造成了国内很多地区的土地退化，进而导致粮食减产和乡村贫困，给农民的基本生活造成影响，威胁了农村社会的和谐与稳定。我国部分地区"南涝北旱"的状况因气温的持续上升而有所加重，部分人口不得不迁出生态敏感地带，这样的迁移同时带来了一系列问题，影响了气候移民的生计恢复和

---

① 曹志平等：《科学解释与社会理解——当代西方社会科学哲学研究》，厦门：厦门大学出版社，2017年，"前言"。

可持续发展。这也是对中国灾害管理能力的重大考验。

从世界范围来看，气候变化及其带来的相关问题若得不到妥善解决，极易诱发国际社会冲突，进而威胁政治、经济、军事、生态、文化等诸多领域的安全与稳定。在国家内部，气候变化带来的干旱和洪水灾害直接造成农作物损失，农民的基本生活得不到保障，基层不稳定因素由此滋生，群体冲突的风险指数上升；城市地区同样面对气候风险，当城市居民的基本需求因环境移民的大量涌入而受到威胁时，就可能产生一系列社会冲突，农村地区的社会风险由此扩展到城市地区，威胁整个社会的和谐稳定。国际上也有类似情况，由于国际社会在这一问题的应对上还不是很系统和成熟，存在条约适用障碍和法律保护的欠缺等问题，[①] 所以气候移民在向其他国家转移时，面临很大阻碍——急需食物、水和就业岗位的气候移民的大量涌入会与资源并不丰富的国家的民众之间产生矛盾，若矛盾变得不可调和，则会导致冲突不断升级。这将严重影响两国社会的和谐安定，威胁全球安全，对此国际社会需要加强沟通，一同应对。

对于发展中国家来说，气候变化所带来的负面影响从来就是不公平的。虽然气候变化给全球普遍带来严重后果，但受影响最大的还是发展中国家。在工业化时期，发达国家集中力量发展经济，虽然推动人类文明进程迈出了一大步，但温室气体的大量排放对全球气候产生了巨大而长远的影响。这种影响一直持续到现在，且后果更多地被发展中国家承担。而广大发展中国家往往资金严重短缺，基础设施建设水平普遍较低，相关技术和人才匮乏，因而抵御灾害的能力较差。随着自然灾害发生次数和频率的增加，越来越多有技术和经济实力的人才选择离开本国、迁移至别国，"环境迁移怪圈"使发展中国家面临的问题雪上加霜。气候的代内公正和代际公正需要被置于同等重要的位置，在制定相

---

① 史学瀛、刘晗：《气候移民的国际法保护困境与对策》，《南开学报》（哲学社会科学版）2016年第6期。

关战略时要对此进行合理而充分的考虑。就代内公平而言，全体"地球村"的"村民"都有权利平等地享受良好的气候条件；从代际公平来看，我们也不应无节制地支取有限的环境基本存量，由此产生的生态债务会让未来各代人承受不公正的后果。

（二）　工业社会高碳排放的结构性因素

是怎样的结构性因素驱动了温室气体排放不断增加，从而引起全球层面的气候变化？这是一个十分复杂的问题，不同的研究者有不同的看法，邓拉普等研究者提出了一个三维要素的解释框架：（1）资本及其工业化生产与再生产的循环导致气候暖化；（2）市场组织是碳排放的主要制度性根源；（3）高消费文化是驱动高碳消费的社会性因素。[①] 这一框架虽然不能解释全部问题，但可以让我们了解高碳社会运行的基本过程，激发我们的进一步思考。

1. 资本及其工业化的再生产是导致碳排放扩大再生产的发动机

生产跑步机理论和生态现代化理论大体上持有这样的看法。生产跑步机理论关注的是"资本主义经济体系的增长动力，以及这样一种增长过程如何导致一种不断扩张的经济和与之伴随的温室气体排放的增加"。[②] 在该理论看来，资本主义生产过程就如同一台跑步机，永不停歇并会对环境持续产生不利影响：一方面，现代工业发展需要依托生态系统中的原材料，毫无节制地攫取、开发自然资源，就会带来相应的一系列环境问题；另一方面，由于现代工业生产技术的发展，这一过程会生产很多加工原材料，这些加工原材料大量进入生态系统，进而引起环境污染和生态恶化。所以在该理论看来，要想从根本上解决环境问题，就必须停止对自然资源毫无节制的"攫取"以及对生态环境无所

---

① 赖利·E. 邓拉普、罗伯特·J. 布鲁尔主编《穹顶之下的战役：气候变化与社会》，洪大用、马栋国等译，北京：中国人民大学出版社，2019 年，第 20 页。

② 赖利·E. 邓拉普、罗伯特·J. 布鲁尔主编《穹顶之下的战役：气候变化与社会》，洪大用、马栋国等译，北京：中国人民大学出版社，2019 年，第 20 页。

顾忌的"添加"，也即打破现代资本主义的生产方式。

生态现代化理论承认这一前提，但是更强调内源性治理，而不是打破资本主义生产方式。生态现代化理论看到了在现代化过程中起作用的政治和经济动力，这种动力创造了有效回应环境议题的技术进步和政治需求。生态现代化理论重点关注如何将工业生产过程"绿化"，从而实现现代化进程与环境保护二者的协调统一。[①] 可以看出，与生态现代化理论相比，生产跑步机理论显得更为激进。

2. 市场组织是高碳排放的主要制度性根源

市场是现代经济运行的基础性制度设置，因此市场组织是碳排放的主要制度性根源。首先，市场组织所采取的行动是基于市场行动者的内在动力的。从"理性人假设"出发，企业为了满足自身利益、降低生产成本、实现自身利益的最大化，往往会反对不利于自身的环境治理政策，而营销对生态环境有害的产品、游说反对环境管制或选择非清洁的生产技术等。其次，政府管制、竞争和股东压力会影响公司应对气候变化的行动。市场组织一旦服从环境治理政策，环境问题的负外部性就会逐渐内部化，由此导致其生产成本增加，同时资源的有限性加剧了市场竞争，导致企业边际利润降低，进一步制约企业利润的增长。最后，市场组织自愿采取行动减少碳排放的能力是有限的，以此看来，很少会有市场组织自愿采取碳减排措施，因此产生的效果是非常有限的。

必须认识到，市场机制具有二重性，重塑市场机制既是当代人类社会自觉进入绿色社会的重大挑战，也是重塑新时代的机遇。

3. 高消费文化是驱动高碳消费的社会性因素

高消费文化是被资本扩张与大规模工业化社会合谋生产和形塑出来的"现代"文化，具有拉动生产和带动高碳消费的双重属性。高消

---

① 赖利·E. 邓拉普、罗伯特·J. 布鲁尔主编《穹顶之下的战役：气候变化与社会》，洪大用、马栋国等译，北京：中国人民大学出版社，2019 年，第 20 页。

费文化是驱动高碳消费的社会因素，造就了高碳消费者社会，由此对气候暖化产生长远的影响。其中，地位和身份维护在消费水平和消费性质方面发挥了导向作用，市场化企业经济增长的基础是消费者为争取更高的社会地位而进行消费，这与弗雷德·希尔斯所称的"展示相对物质幸福所需的地位商品"的观点吻合。[①] 地位商品具有稀缺性、相对高成本和显著性，通过获取这样的商品，消费者可以展示其更高的社会地位，由此获得的相对幸福感会驱使他们持续购买这样的商品。因此，消费者应对气候变化的作用不应被低估。消费者在日常消费中应该对气候问题担负责任。邓拉普指出，"诱导行为改变需要的不仅是新的态度和碳密集产品的更高价格，还应注意到诸如社会背景、地位和规范性实践之类的各种因素可以催生出更有力和更持久的消费缩减"。[②] 道格拉斯也强调，"消费者需要转变消费态度，对身份商品的追求应该减少，取而代之的是一种以有内在价值的人类活动为中心的生活"。[③] 在这种生活中，消费不是无节制地追求所谓的身份商品，以此作为增强人类幸福感和增加体面生活机会的方式，而是一种具有生态意识的、可持续性的理性消费。实际上，身份意识和功能不会因此消失，把高碳消费转化为低碳消费是可能的。低碳消费正在成为一种身份消费，这是积极的变化与转型，这种变化与转型正在成为另一只无形的手，发挥积极的作用。

三　走向零碳社会：理想目标与反向运动

高碳排放引发的全球性社会问题，促使人类反思工业化社会，走向生态文明的绿色社会。碳达峰碳中和成为全球社会高度关注的问题。在

---

① Douglas E. Booth, *The Environmental Consequences of Growth*, London: Routledge, 1998, p. 13.

② 赖利·E. 邓拉普、罗伯特·J. 布鲁尔主编《穹顶之下的战役：气候变化与社会》，洪大用、马栋国等译，北京：中国人民大学出版社，2019 年，第 20 页。

③ Douglas E. Booth, *The Environmental Consequences of Growth*, London: Routledge, 1998, p. 13.

21世纪中叶实现"双碳"目标，即净零碳排放是关乎《巴黎协定》温控目标的重要条件，也是全球应对气候变化的焦点和难点。[①]其中，碳中和概念可以提炼出"零碳社会"。全球围绕"双碳"目标已出台了一系列重要政策，开展了一系列社会行动。（1）1997年《京都议定书》提出碳交易和碳抵消概念后，碳中和概念也进入全球气候治理视野；（2）碳中和概念有狭义和广义之分，狭义上仅指二氧化碳中和，广义上则是二氧化碳中和、温室气体中和、气候中和、净零二氧化碳排放及净零温室气体排放等相关概念的统称。国际社会上，"净零"表述使用更广。[②]碳中和，无论如何理解和界定，都属于技术性概念，而社会学研究碳缘社会问题要尽可能建构能体现学科思维的概念。因此，本文建议使用"零碳社会"作为社会学专业术语来讨论"双碳"目标以及相关的气候问题。

（一）零碳社会概念的由来

零碳社会是碳中和、净零排放、零碳时代等概念的统称。对于社会学研究而言，零碳社会提供了社会学研究的新问题域，是构建社会学理论的新视角。

零碳社会，不是从概念中推理出来的想象物，而是从各种社会思想中提炼出来的。企业不但看到了投资机会，还极为重视零碳概念，撰写发布了研究报告。投资机构红杉中国发布《迈向零碳——基于科技创新的绿色变革》报告（简称红杉"零碳报告"），深度探讨了投资机构如何助力迈向零碳进程中的科技创新与应用探索，估算了绿色科技领域年均3.84万亿元的投资缺口，同时发布了应加速商业化落地的十大技术方向。[③]比尔·盖茨作为企业家用十年时间调研气候变化的成因和影响。在物理学、化学、生物学、工程学、政治学和经济学等多领域专

---

① 潘家华、李雨珊：《净零碳目标进程的知性悖论与陷阱规避》，《阅江学刊》2023年第1期。
② 陈迎：《碳中和概念再辨析》，《中国人口·资源与环境》2022年第4期。
③ 红杉中国：《迈向零碳——基于科技创新的绿色变革》，2021年，第27、33页。

家的支持下，比尔·盖茨出版专著《气候经济与人类未来：比尔·盖茨给世界的解决方案》，在电力、制造业、农业、交通等碳排放主要领域分析了零碳排放面临的挑战、可使用的技术工具以及需要的技术突破，提供了一套涵盖范围广泛且每一步都切实可行的行动计划。"零碳"产业带来了巨大的经济发展机遇，那些能在这一领域有所突破的国家将是未来十几年引领全球经济的国家。①

美国学者杰里米·里夫金提炼了具有重要社会学意义的概念"零碳社会"。他提出，剧烈的经济动荡、气候变迁和物种大灭绝危机，需要全球开展生态文明和绿色新政。绿色新政的使命就是世界各国联合起来，向零碳社会转型，帮助人类社会渡过灾难。这本书展望了建设零碳社会的前景，人类将由此进入一个全新的零碳时代。② "零碳社会"这一概念为气候社会学思想与理论的系统化建构提供了理想的目标和概念。已经有社会学研究者把零碳社会建设作为环境社会学的重要议题加以研究，提出零碳社会建设正向上要建立和完善合理配置环境资源的社会结构，建立调节人与环境矛盾的体制机制，大力培育环保社会组织，确保环境正义和人人享有环境权；逆向上要根据环境问题与社会问题交织的特点，正确处理因环境风险引发的社会矛盾和冲突。③ 上述研究虽然在实践上探讨了迈向零碳社会的路径，但没有给出严格的学术定义。

综上所述，本文提出，零碳社会是指围绕零碳治理目标所形成的社会关系与生态网络体系结构。零碳社会是一个有生命的生态体系和过程，并不是一个静止的实体目标或结构。零碳社会建设首先是一个全球层面的任务，需要世界各国以国家作为主体积极主动构建气候治理命

---

① 比尔·盖茨：《气候经济与人类未来：比尔·盖茨给世界的解决方案》，陈召强译，北京：中信出版集团，2021 年，"前言"。

② 杰里米·里夫金：《零碳社会：生态文明的崛起和全球绿色新政》，赛迪研究院专家组译，北京：中信出版集团，2020 年，"前言"。

③ 卫小将：《中国零碳社会建设的社会学之思：内涵、挑战与出路》，《江海学刊》2022 年第 3 期。

运共同体。

（二） 反向运动是零碳社会建设的破坏者

环境社会学缺乏对国家行动者宏观层面的研究，邓拉普和吉登斯作为气候社会学的创始人一开始就关注并重点研究了这一问题。以国家为单位出现的反向运动延缓了全球气候治理的进程，导致通往零碳社会的道路十分曲折。这是气候社会问题的突出特点，也是气候社会学面临的难题。

邓拉普提出了一个重要概念——反向运动。[①] 他指出，反向运动严重阻碍了应对气候变化议程的推进。以国家为单位出现的反向运动延缓了全球气候治理的进程，破坏了合作治理规则，损害了其他国家的利益。这是一个值得深入研究的课题，需要长期跟踪调查。

倒退性的反向运动经常出现。企业、政府甚至最发达国家都会成为阻碍历史进步的主体。邓拉普描述了"化石燃料（和其他）公司在发动和支持组织化地否认气候变化观点方面所发挥的关键作用，并且描述了它们是如何受到自由市场原教旨主义的发展激励和加强的"。[②] 这一观点与道格拉斯不谋而合。道格拉斯认为，新兴产业具有环境成本外部化倾向，它们形成既得利益集团来反对环境管制，确保环境成本尽可能保持外部化，因而总是不断制造新的环境问题。例如，追求利润最大化的电力公司和化学公司，通常会反对污染控制规章，"他们基于成本－收益分析，往往忽视人类个体在现在和未来对后世、动植物、生态系统的道德价值"。[③]

政府甚至国家有时也会成为反向运动的主体。特朗普执政时期，美

① 赖利·E. 邓拉普、罗伯特·J. 布鲁尔主编《穹顶之下的战役：气候变化与社会》，洪大用、马栋国等译，北京：中国人民大学出版社，2019年，第23页。
② 赖利·E. 邓拉普、罗伯特·J. 布鲁尔主编《穹顶之下的战役：气候变化与社会》，洪大用、马栋国等译，北京：中国人民大学出版社，2019年，第23页。
③ Douglas E. Booth, *The Environmental Consequences of Growth*, London：Routledge, 1998, p. 18.

国不仅在国内气候治理上大开"倒车"，还严重损害全球气候治理的公平、效率和成效，是公认的"共识破坏者"和"麻烦制造者"。① 美国既是全球气候环境治理的重要一方，也是温室气体排放大国、生物技术大国、化学品生产和废物出口大国，本可以也应该为相关领域的多边治理做出大的贡献。但美国对多个环境条约"签署但不批约"的行为，凸显了其不愿受国际环境条约约束、逃避自身国际责任的单边主义心态，充分暴露了美国对国际环保努力的漠视和对多边环境领域的不合作态度，② 具体包括以下几个方面。（1）气候变化立场严重倒退。特朗普政府多次称全球暖化是骗局，挑战国际社会应对气候变化的共识。（2）退出气候治理群。2001 年，美国宣称由于履行环保义务不符合美国国家利益，拒绝签署《京都议定书》。2017 年，美国以《巴黎协定》以美国就业为代价、不能支持会惩罚美国的协议为由，宣布将退出《巴黎协定》这一全球性的气候协议，宣布停止实施"国家自主贡献"。这些"退群"行动清晰体现了美国在全球治理过程中运行的本质和规律。对于拜登政府回归气候群，不该有太多的期待。"退群"是美国试图掌控全球治理的无理手段，并非从特朗普执政时期开始，拜登政府一系列重新入群的行为，是好事情，但拜登政府改变不了美国国家的本质及其运行规律。（3）破坏二十国集团关于气候议题达成共识。气候议题自 2009 年起被纳入二十国集团领导人峰会宣言。2017 年，由于美国的阻挠，二十国集团汉堡峰会宣言首次未能就气候变化问题相关内容达成一致。宣言被迫在气候相关段落采取"19 + 1"方式，即除美国以外的其余 19 个成员国宣布继续承诺履行《巴黎协定》，推进全球气候治理；受美国消极立场的持续影响，2018 年、2019 年二十国集团领导人峰会宣言继续以"19 + 1"方式重申美以外各方落实《巴黎协定》、

---

① 《美国损害环境事实清单》，中华人民共和国外交部网站，2020 年 10 月 19 日，https://www.fmprc.gov.cn/wjbxw_673019/202010/t20201019_390744.shtml。

② 《美国损害全球环境治理报告》，中华人民共和国外交部网站，2020 年 10 月 19 日，https://www.fmprc.gov.cn/wjbxw_673019/202010/t20201019_390744.shtml。

应对气候变化的承诺，严重削弱了二十国集团在气候问题上本应发挥的积极引领作用。[①]（4）拒绝落实气候行动承诺。2017年，特朗普政府擅自撕毁承诺，宣布拒不履行到2025年在2005年温室气体排放基础上排放下降26%~28%的气候行动目标。自2018年起，美国连续三年拒绝履行提交"双年报告"和"国家信息通报"等义务。（5）温室气体肆意排放。美国是全球温室气体累积排放最多的国家，还是当前温室气体排放量第二的大国，占比约为15%。美国人均碳排放量居高不下，2017年人均排放二氧化碳14.6吨，是全球平均水平的3.3倍，中国的2倍多。美国还是全球累计航空碳排放最多的国家。美国页岩气开采存在大量甲烷气体泄漏，对气候暖化造成严重影响。根据IPCC相关评估报告，同等质量的甲烷导致全球增温的潜力是二氧化碳的25倍。2020年8月，美国环保署对甲烷泄漏管制的相关规定进行大幅修改，进一步放松了对油气开采企业甲烷泄漏的管制，引起美国国内众多环保机构的强烈反对。[②]美国的反向运动后果极其严重：第一，削弱了国际合作应对气候变化的信心；第二，加大全球气候治理的领导力赤字；第三，为应对气候变化多边进程带来复杂而不确定的因素。美国的反向运动对全球气候治理的完整性、气候多边条约的实施效果带来严峻挑战。[③]美国政府奉行"美国优先"、单边主义，对国际法和国际规则"合则用、不合则弃"的轻蔑态度，严重破坏了全球气候治理的合作进程。

邓拉普等社会学家注意到了反向运动及其典型个案。事实上，更多的国家是积极的行动者，并成为全球气候治理的正向引领者。自《联合国气候变化框架公约》制定以来，中国就是积极的参与者，尤其是党的十八大以来，中国在治理实践中总结经验，提升理论，以人类命运

---

① 《美国损害全球环境治理报告》，中华人民共和国外交部网站，2020年10月19日，https://www.fmprc.gov.cn/wjbxw_673019/202010/t20201019_390741.shtml。

② 《美国损害环境事实清单》，中华人民共和国外交部网站，2020年10月19日，https://www.fmprc.gov.cn/wjbxw_673019/202010/t20201019_390741.shtml。

③ 《美国损害全球环境治理报告》，中华人民共和国外交部网站，2020年10月19日，https://www.fmprc.gov.cn/wjbxw_673019/202010/t20201019_390741.shtml。

共同体为理念指引，开展气候治理实践，为全球气候治理贡献了中国智慧和中国方案，推动了全球气候治理进程。我国提出"双碳"目标、建设零碳社会的理念及其实践是气候社会学理论研究的经验样本，是中国社会学走向世界社会学的重要契机。中美两国在气候治理上的不同道路与理念，是一个非常重要的社会现象，值得社会学家做深入的比较研究，系统的研究可能对社会学做出重要贡献。

四　结论与思考

当今世界正经历百年未有之大变局，气候变化是其中的重大领域，因为气候变化及其治理并不仅是自然现象，而且是在全球范围内重新调整了从国家到个体等一系列从宏观到微观的社会体系，空间和时间尺度巨大，影响深远。气候变化及其治理是这场大变局的驱动力之一。习近平总书记指出，"应对气候变化是人类共同的事业……作为全球治理的一个重要领域，应对气候变化的全球努力是一面镜子，给我们思考和探索未来全球治理模式、推动建设人类命运共同体带来宝贵启示"。① 气候社会学建构必须面向世界，面向全球，不能仅仅是微观或中层社会学，还必须是有中国特色的"宏大叙事"。"宏大叙事"在西方的历史中几乎已经终结，但在中国才刚刚开始。中国贡献世界的绝不能仅限于GDP和丰富的物质产品，而应该更多地创造出能与世界交流互鉴的思想和文化。中国学界应该为创建中国特色的气候社会学做出贡献。构建人类命运共同体范式引领下的气候社会学自主知识体系是中国社会学界的重要使命。

自主构建知识体系和话语体系是走向世界，不是自我欣赏。中国的气候社会学不仅要研究中国的气候问题，而且要走出去研究全球的气

---

① 《携手构建合作共赢、公平合理的气候变化治理机制 习近平主席在巴黎气候大会开幕式上的讲话》，《地球》2016 年第 1 期。

候问题，批判性和建设性并重地反思和扬弃全球的经验智慧和方案。气候问题是一个全球性问题，气候治理是一项全球性的行动，因此气候社会学的中国自主构建必须具备全球性的视野。全球性意味着气候社会学的研究问题及其理论建构需要从全球互动视角来理解并获得其全球性意义，我们自主构建的知识体系要能够与世界多样性的知识进行沟通、交流和互鉴，而不只是作为方案之一摆在那里。

全球气候治理中适应与减缓长期失衡的后果与前景[*]

胡玉坤　马玉荣[**]

摘　要：减缓和适应是全球气候治理的两大基石。然而自20世纪90年代初全球气候之战开启以来，减缓在气候政策和实践中一直占主导地位，适应作为次要目标常被边缘化，其行动空间和能见度受到了严重挤压。环顾全球，两者的长久失衡已然造成了各种负面影响。事实上，减缓和适应恰似一枚硬币的正反两面，缺一不可。加快适应干预的步伐并扩大其规模有望带来多重"红利"。伴随气候危机不断升级，全球气候适应及其治理的前景堪忧。唯有以同等紧迫感在减缓和适应两条战线都采取强有力行动并努力将减缓和适应整合起来，方有可能实现促进所有人可持续发展的气候韧性发展，从而塑造一个绿色、具有韧性和包容性的世界。

关键词：全球气候治理　减缓　适应　双轮驱动

一　问题的提出

全球气候治理正式开启之时，国际社会就已认识到适应与减缓之间的紧密联系。1992 年，《联合国气候变化框架公约》在里约地球峰会

---

* 本研究是国家社会科学基金一般项目"气候适应与韧性的底层逻辑研究"（项目编号：22BSH041）的阶段性成果。

** 胡玉坤，北京大学全球健康发展研究院研究员、博士生导师，研究方向为气候变化与全球健康以及人口、资源、环境与可持续发展等；马玉荣，北京科技大学天津学院教师，副编审，研究方向为低碳经济与绿色发展等。

上的开放签署标志着人类开辟了迎战气候变化的一个新战场。承载着遏制气候变化希望的这个国际公约将减缓和适应确定为应对气候变化的两个对策。① 简单说来，减缓旨在降低温室气体排放并增加碳汇来缓解气候变化，而适应则旨在减少气候变化带来的不利影响。《联合国气候变化框架公约》的最终目标是"将温室气体浓度稳定在防止气候系统受到危险的人为干扰的水平上"。它也承认所有国家应对气候变化影响的脆弱性，并特别呼吁努力减轻其后果，尤其是对发展中国家造成的后果。不过，气候适应主要被阐释为人类造成的气候变化的一种成本。如此狭隘的界定造成了人们对适应的内嵌式偏见。② 可见，《联合国气候变化框架公约》原本就是瞄准节能减排而构建的一个制度架构。③ 这为减缓作为第一支柱，适应作为第二支柱定下了基调。

随着时间的流逝，降低温室气体排放的减缓作为"主基调"逐渐被固化，在国际气候行动中长期占据主导地位。而作为次要追求目标的适应常常被忽视，并且主要针对适应的资金问题。④ 2010 年《联合国气候变化框架公约》第 16 届缔约方大会通过的《坎昆适应框架》亮出了"适应牌"，不过令人遗憾的是，国际社会随后没有紧密跟进。直到联合国政府间气候变化专门委员会 2001 年发布的第三次评估报告凸显了气候适应的必要性后，缔约方才开始就解决气候变化的不利影响以及为适应建立融资机制达成一致意见。

---

① 鉴于即便有效的适应努力也不能防止所有损失和损害，从 2010 年《联合国气候变化框架公约》第 16 届缔约方大会开始，超出一般适应范围的"剩余"损失和损害常被单独剥离出来作为第三支柱。损失和损害是联合国气候谈判中的一个敏感话题。自 1992 年起的 30 多年来，发展中国家不断提出经济赔偿的要求。直到 2022 年举行的《联合国气候变化框架公约》第 27 届缔约方大会落幕前这一状况才取得突破，确定为处于气候危机前线的发展中国家设立新的损失与损害基金。

② Roger Pielke, "Misdefining 'Climate Change': Consequences for Science and Action," *Environmental Science & Policy*, Vol. 8, No. 6, 2005, pp. 548 – 561.

③ Mizan Khan, *Toward a Binding Climate Change Adaptation Regime: A Proposed Framework*, London and New York: Routledge, 2013.

④ Roger Pielke et al., "Lifting the Taboo on Adaptation," *Nature*, Vol. 445, No. 7128, 2007, pp. 597 – 598.

为政治领导人就气候变化及其影响提供定期科学评估的联合国政府间气候变化专门委员会持续致力于平衡对减缓和适应的关注。2014年，联合国政府间气候变化专门委员会第五次评估报告面世，从可持续发展的高度对适应与减缓的互补特性进行了更深刻而全面的界定："适应和缓解是降低与管理气候变化风险的互补性战略。未来数十年的大幅减排可以减少 21 世纪及以后的气候风险，增加有效适应的前景，从长远视野看可降低减缓的成本与挑战，并可助力具有韧性的可持续发展之路。"[①] 报告还提出了两者的整合性思路："许多适应和减缓选择都有助于应对气候变化，但单靠任何一个选项都是不够的。有效的实施有赖于政策与合作，并可借助将适应与减缓同其他社会目标联系起来的整合性对策。"[②] 此报告为翌年在巴黎召开的第 21 届气候谈判缔约方大会提供了主要的决策依据。

2015 年问世的里程碑般的《巴黎协定》在一定程度上纠正了适应与减缓之间的失衡关系。《巴黎协定》确定了到 21 世纪末将全球平均气温的升幅控制在 2 摄氏度以内，并力争限制在 1.5 摄氏度以内的长期目标。这个具有法律约束力的协定还开创性地提出了一个全球适应目标："提高适应能力，增强韧性并降低对气候变化的脆弱性，以期对可持续发展做出贡献，并确保在第 2 款所述温度目标的情境下做适当的适应反应。"[③] 该全球目标应至少包含适应能力、韧性和脆弱性三个密不可分的核心变量，并被期望能为推进可持续发展和实现全球温控目标助力。

在这个具有风向标意义的全球气候议程中，适应端的重要性和必

---

① Intergovernmental Panel on Climate Change, *Climate Change* 2014: *Synthesis Report*, Contribution of Working Groups I, II and III to the Fifth Assessment Report of the Intergovernmental Panel on Climate Change, Geneva, 2014, pp. 17 - 26.

② Intergovernmental Panel on Climate Change, *Climate Change* 2014: *Synthesis Report*, Contribution of Working Groups I, II and III to the Fifth Assessment Report of the Intergovernmental Panel on Climate Change, Geneva, 2014, pp. 17 - 26.

③ UNFCCC, *The Paris Agreement*, 2015, http://unfccc.int/resource/docs/2015/cop21/eng/l09r01. pdf.

要性得到了期盼已久的承认。《巴黎协定》阐明适应是从地方到国际层级面临的全球性挑战，并强调了全球适应与减缓的同等重要性。这不啻是迈向韧性发展的一个历史性跨越。在联合国的推动下，这个国际气候条约的落地激励着各国制定和实施自己的适应计划或战略。截至2022年，至少84%的《联合国气候变化框架公约》缔约方拥有一项包括适应计划、战略、法律或政策的国家级适应方案，这一数据比2021年增长了5%。这些优化方案的覆盖范围也在扩大。① 此外，许多国家还纷纷在其提交的"国家自主贡献"（NDC）的承诺中植入更多适应元素。

中国在这一方面也积极行动。2022年6月，我国与时俱进地推出了升级版的《国家适应气候变化战略2035》。这对于地域广袤而且是全球受气候变化影响较为严重的国家来说极为必要。

联合国引领下的多边气候治理已走过了30多年的风雨历程。纵览过去的经历，由于路径依赖，减缓得到了科学家、实践者和政策制定者的优先关注和资金支持。在后巴黎时代，到2050年实现碳中和成为当今世界最为紧迫的使命之一。一场声势浩大的"双碳"运动在世界各地方兴未艾，主流媒体进行了大量报道。在不断恶化的气候条件的倒逼之下，长期徘徊不前的全球适应行动也开始呈现积极势头。《巴黎协定》确定的全球适应目标过于宽泛，而且缺乏强制性措施，② 因此，与减缓相比，适应干预相形见绌，总体而言乏善可陈。重减缓、轻适应的做法虽饱受质疑却一直延续至今。

不论从历史轨迹抑或现实境况来看，随着气候威胁与日俱增，继续走以减缓为主的老路越来越行不通。很显然，光靠遏制温室气体排放的节能减排不足以保护人们免受气候变化带来的严重威胁和所有影响。③

① United Nations Environment Programme, *Adaptation Gap Report* 2022：*Too Little，Too Slow-Climate Adaptation Failure Puts World at Risk*，Nairobi，2022.

② Mizan Khan, *Toward a Binding Climate Change Adaptation Regime：A Proposed Framework*，London and New York：Routledge，2013.

③ Ove Hoegh-Guldberg et al.，"The Human Imperative of Stabilizing Global Climate Change at 1.5℃，" *Science*，Vol. 365，No. 6459，2019，pp. 1 – 29.

开展减缓和适应并举的"两线作战"已变得迫在眉睫。这意味着人类必须既要瞄准造成气候危机的源头即温室气体的排放，又要消除气候变化带来的负面影响，并为应对未来更大的气候冲击做好充分准备。[①]

为了更好地理解适应和减缓为何必须齐头并进，我们有必要进一步澄清这两个核心概念。在国际气候政策和学术话语中，对"减缓"和"适应"的界定不尽相同。我们在本文中将参考联合国政府间气候变化专门委员会在其第六次评估第二工作组报告中给出的权威定义。气候变化减缓即减少温室气体排放或是增加碳汇的人类干预。适应意味着"在人类系统中，对实际或预期的气候及其影响做出调整的过程以减轻损害或利用有利的机会；在自然系统中，对实际或预期的气候及其影响做出调整的过程。人类干预可以促进对预期气候及其影响的调适"。[②] 可见，气候适应既瞄准现时的也针对预期将发生的气候变化及其影响。它既关注人类系统，亦关切自然系统，具有前瞻性的主动趋利避害的特性。

在中外学术界，有关气候变化的研究正在成为学术热点。社会科学各个领域的气候研究得到了长足发展，仅次于仍居主导地位的气候科学领域。与适应有关的研究数量迅速增加、主题日益多元化。[③] 然而自1992年以来，对节能减排的学术研究和话语长期占据主导地位，大量政治、智力和财政资源都倾注在解决导致气候变化的减缓上面，气候适应时常被轻视或排斥。[④]

[①] Alexandre Magnan and Teresa Ribera, "Global Adaptation after Paris: Climate Mitigation and Adaptation Cannot be Uncoupled," *Science*, Vol. 352, No. 6291, 2016, pp. 1280 – 1282.

[②] Hans-Otto Pörtner et al. (eds.), "Annex II: Glossary," in *Climate Change 2022: Impacts, Adaptation and Vulnerability. Contribution of Working Group II to the Sixth Assessment Report of the Intergovernmental Panel on Climate Change*, Cambridge and New York: Cambridge University Press, p. 2898, p. 2915.

[③] Anne Sietsma et al., "Progress in Climate Change Adaptation Research," *Environmental Research Letters*, Vol. 16, No. 5, 054038.

[④] Roger Pielke et al., "Lifting the Taboo on Adaptation," *Nature*, Vol. 445, No. 7128, pp. 597 – 598.

气候适应治理的学术研究正成为一个新的学术增长点，但总体而言，研究力量相对薄弱，视野也较为狭窄，一些知识上的缺漏亟待填补。[1] 例如，有的研究狭隘地将减缓等同于应对气候变化。有的研究笼统地论及气候治理，并未区分减缓与适应。有的研究即便将适应单独提出来，也只是侧重于一些气候敏感部门或系统，比如粮食、水资源或农业等。有的学者主要针对某些极端天气事件及其负面影响，而且通常将防灾减灾与适应割裂开来，甚至将适应化约为防灾减灾。[2] 对于适应与减缓长期失衡的负面影响的系统性梳理尚付阙如。此外，直到近期适应红利才受到了关注。

加剧减缓与适应长期失衡的若干普遍化假设尤其值得关注。例如，毋庸置疑，气候变化是一个全球性问题，鉴于气候变化通常在地方一级被感受到，适应是一个地方性问题，而减缓是一个需要全球协调的全球性问题的观点得到普遍认可。[3] 适应气候变化也主要被当作脆弱国家和社区才面临的挑战。[4] 令人遗憾的是，适应概念的模糊性以及适应和减缓的不明确关系还阻碍了行动的规划和实施。[5] 那些主张倾力于适应会分散人们对减缓的注意力或削弱减缓重要性的假设也颇为盛行。譬如，美国前副总统阿尔·戈尔在其1992年出版的畅销书《濒临失衡的地球：生态与人类精神》中就表达过对适应全球暖化的担忧。他认为专注于适应可能会破坏减缓气候变化的努力，因为这代表了"我们有能力及

[1] Asa Persson, "Global Adaptation Governance: An Emerging but Contested Domain," *Wiley Interdisciplinary Reviews*, Vol. 10, No. 6, 2019, pp. 1–18.
[2] Joern Birkmann and Korinna Teichman, "Integrating Disaster Risk Reduction and Climate Change Adaptation: Key Challenges-Scales, Knowledge and Norms," *Sustainability Science*, Vol. 5, No2, 2010, pp. 171–184.
[3] Laurens Bouwer and Jeroen Aerts, "Financing Climate Change Adaptation," *Disasters*, Vol. 30, No. 1, 2006, pp. 49–63.
[4] Johanna Nalau et al., "Is Adaptation a Local Responsibility?" *Environmental Science & Policy*, Vol. 48, 2015, pp. 89–98.
[5] Ben Orlove, "The Concept of Adaptation," *The Annual Review of Environment and Resources*, Vol. 47, 2022, pp. 535–581.

时想办法的一种懒惰，一种傲慢的信念"。① 倡导适应气候变化甚至被视为政治不正确，意味着在与有害排放的斗争中接受失败。② 适应会降低或干扰减缓努力的论调事实上一直长盛不衰。

上述论调加剧了减缓与适应的长期失衡，但其获得广泛认可的重要原因在于，气候适应和减缓由不同人群在不同时空尺度上开展，它们都有助于降低气候变化的影响，但是两者也在争夺相同的资源。③ 近年来，越来越多的研究，只有强有力的适应和减缓行动双管齐下，才能更有效地减轻全球变暖对生态环境、生物健康和全球经济造成的负面影响。为了回应当前和未来愈加严峻的气候挑战，在全球范围内以更快的速度和前所未有的雄心共同推进气候减缓和适应，已变得刻不容缓。

回看中国，气候适应已成为一个亟待探究的学术和政策课题。但一如国际学术界，相较于节能减排（含"双碳"），气候适应的关注度较低，学术知识和话语体系还不为人们所熟悉。尽管有关全球气候治理的研究已取得一些成果，但适应议题较少进入学者视野。既有研究对适应之维或轻描淡写或仅给予有限的关注，有的甚至干脆不涉及。④ 关于全球治理中减缓与适应的关系至今仅有碎片化的论述。这种现状不仅滞后于国际学术进展，而且与愈加严峻的气候挑战极不相称。

基于上述背景，本文旨在探究以下三个问题：（1）适应与减缓的长期失衡带来了哪些负面影响；（2）诉诸适应行动能带来什么益处；（3）不断加剧的气候危机之下全球气候适应治理的前景如何。《国家适

---

① Albert Gore, *Earth in the Balance*：*Ecology and the Human Spirit*, Boston：Houghton Mifflin Company, 1992, pp. 239 – 240.

② Ian Burton, "Deconstructing Adaptationand Reconstructing," *Delta*, Vol. 5, No. 1, 1994, pp. 14 – 15.

③ Richard S. J. Tol, "Adaptation and Mitigation：Trade-offs in Substance and Methods," *Environmental Science & Policy*, Vol. 8, No. 6, 2005, pp. 572 – 578.

④ 参见薄燕、高翔《中国与全球气候治理机制的变迁》，上海：上海人民出版社，2017 年；王谋、陈迎《全球气候治理》，北京：中国社会科学出版社，2021 年；张海滨等《全球气候治理的中国方案》，北京：五洲传播出版社，2021 年。

应气候变化战略 2035》的落地过程较为漫长。更清晰地认识并抻顺减缓与适应的关系，既有助于我们从过往历史中吸取教训和智慧，也有益于为适应政策和实践做出更明智的抉择提供学理依据。

二 适应与减缓长期失衡的负面影响

纵观过去 30 载，减缓和适应之间的失衡沿袭已久。如此"一手硬""一手软"的演进过程，毋庸置疑，是数十年以减排为重的国际政策使然。不过，如果将其放在时代背景中去探讨，那么这种历史逻辑并不难理解。彼时有关气候变化的数据、证据及研究都比较薄弱，对气候变化及其影响与风险的科学认知和理解也无法与今天相提并论。囿于当时的气候知识，国际社会彼时能意识到人类对气候系统的危险干预及其负面影响当属具有前瞻性的一大进步。1992 年 5 月通过的《联合国气候变化框架公约》于 1994 年 3 月正式生效，迄今共有 198 个缔约方，足以表明这个多边公约赢得了广泛的国际支持。

在日益恶化的气候危机背景之下，自 2015 年以来，适应议题在全球谈判和全球发展议程中占据的位置不断凸显。这也为各个缔约国将承诺化为现实进而提振适应雄心铺平了道路。蹒跚而行 30 余年后，气候行动无论在规模抑或速度等方面均不曾取得与不断加剧的气候变化相匹配的突破性进展。减缓和适应之间的历史性失衡已经造成了一些深层次的负面影响。我们不妨从以下方面窥知一二。

第一，保护地球健康特别是自然生态系统的适应举措未能得到切实落实。众所周知，人类生存所需的健康生态系统，如森林、草原和湿地等有助于增加碳储量。相反，受损的生态系统则会增加碳释放量。须知，在导致全球暖化的温室气体排放总量中，与农业、林业等土地利用有关的排放约占四分之一。其中农业排放主要源自三个方面：砍伐森林将林地变成农地的土地利用上的变化；畜牧养殖和水稻生产释放的甲烷及复合肥料施用排放的一氧化二氮。研究表明，2030 年前通过协调一致的全球行动、"基于自然的解决方案"等适应举措，能为实现低于2摄氏度的全球温控目标所必需的减排做出大约 37% 的贡献。①

人类与大自然和谐共处本该成为气候适应治理的一个优先选择。气候变化的许多解决方案都蕴藏在森林保护等适应举措之中。基于自然的方案既有助于可持续管理自然资源，也最有潜力发挥减缓与适应的协同增效作用。② 殊为可惜的是，透支生态环境换取经济增长的日常活动仍大行其道。海洋、土地、森林、大气圈、冰冻圈和生物圈等关键性的自然系统已发生了广泛而快速的变化。迄今为止，人类尚未充分利用减缓与适应的互补性特别是大自然这个"盟友"在应对气候变化中的重要作用。

第二，保护人类社会特别是人类健康与福祉的适应行动严重滞后于气候危机的严峻态势。以卫生系统为例，气候变化与人类健康交互影响的新威胁早已露出端倪。气候变化正在对人类、动物和整个生态系统的健康产生不利影响。与高温有关的死亡、影响我们身心健康的野火以及暴发传染病风险的不断增加等都与气候变化有关。③ 气候变化因而被公认为 21 世纪人类面临的"最大单一健康威胁"。④

尽管如此，世界各国所做出的反应十分迟缓，并且前后矛盾。《2021年健康与气候变化柳叶刀倒计时》报告显示，2020 年，在 166 个国家中，有 104 个国家（约占 63%）由于国家卫生应急框架的实施水平不高，对于应对大流行病及与气候相关的突发卫生事件缺乏充足的准备。在33 个低人类发展指数国家中，有 18 个自称在中等程度上执行了国家卫生应急框架。91 个国家中只有 47 个（约占 52%）报告已针对健康制定

---

① Bronson Griscomand and Justin Adams et al.，"Natural Climate Solutions," *Proceedings of the National Academy of Sciences*，Vol. 114，No. 44，2017，pp. 11645 – 11650.

② Johanna Nalau et al.，"Is Adaptation a Local Responsibility?" *Environmental Science & Policy*，Vol. 48，2015，pp. 89 – 98.

③ Future Earth，*The Earth League，WCRP*，10 *New Insights in Climate Science*，Stockholm，2022.

④ WHO，The Cop26 Special Report on Climate Change and Health：The Health Arguement for Climate Action，Geneva，2021.

了国家适应计划，但缺乏人力和财政资源成为其执行的主要障碍。① 管理气候变化带来的健康风险需要跨部门合作和大量资金投入。原本就缺医少药的脆弱国家更无能力建构具有气候韧性的卫生系统，是一个无可争辩的事实。不能强而有力地适应气候危机则意味着更大的健康和生命代价。这个例子不过是一些关键部门适应举措匮缺的一个缩影而已。

同理，水资源和粮食等关键系统缺乏适应举措的负面效应也不容忽视。气候驱动的粮食安全问题和供应链不稳定状况，将随着全球变暖而加剧。具有韧性的气候智慧型农业体系也亟待构建。

第三，"跛足"的全球气候行动致使适应限制不断增加，有效性大为削弱。人类和自然系统适应气候变化的潜力毕竟不是无限制的。例如，不断上升的海平面将会淹没沿海城市和社区。再比如，人体将无法忍受极端高温和酷热。这些均是人类适应能力受到限制的例证。当前，世界上的一些地方已遭遇了适应极限。假如地球变暖超过 1.5 摄氏度乃至 2 摄氏度，预计会更广泛地突破适应极限。如果温水珊瑚礁、沿海湿地、热带雨林、极地以及山区等生态系统达到或超过适应极限，那么，基于生态系统适应的措施也都将失去有效性。②

由于过去 150 余年温室气体排放的历史累积，叠加世界各地仍在持续攀升的碳排放，致使气候变化的主要驱动力已锁定在地球系统之中。近年来，极端天气更加普遍化和显性化。高温、干旱、洪灾、飓风等各种极端天气事件在世界各地频繁发生。不断加剧的气候变化使得这类灾害出现的概率更高，影响也更为严重。伴随全球不断暖化，各种损失和损害已大幅增加，并且变得越来越难以避免。由于关于气候适应的雄心与行动不足，适应难以为减排干预做出应有的贡献。

---

① Marina Romanello and Alice McGushin et al. , "The Lancet Countdown on Health and Climate Change: Code Red for a Healthy Future," *The Lancet*, Vol. 398, No. 10311, 2021, pp. 1619 – 1662.

② Intergovernmental Panel on Climate Change, "*The Summary for Policy Makers*," Synthesis Report of the IPCC Sixth Assessment Report, 2023, pp. 1 – 36.

　　第四，常被视为"压舱石"的节能减排不仅吸引了全球注意力，也挤压了用于气候适应的资金等资源。发展中国家迫切需要外来资金满足其适应需求。然而，捐助机构长期偏重于资助减缓项目，以至于对特别脆弱国家气候适应投资的承诺常常成为难以兑现的"空头支票"。联合国环境规划署编撰的《2020 年适应差距报告》对四个全球著名的气候与发展基金的投资进行过统计分析。这份报告给出了一组很有说服力的数据。全球环境基金、绿色气候基金、适应基金和国际气候倡议在过去 20 年间对绿色和混合性适应解决办法的支持大幅上升，对具有"基于自然的解决方案"（Nature-based Solutions）元素项目的累计投资达到 940 亿美元，不过仅 120 亿美元（约占 13%）直接用于"基于自然的解决方案"。[①] 可见，尽管国际金融机构、政府和私营部门做出了许多承诺，"基于自然的解决方案"在适应资金总额中也仅占一小部分。

　　其他一些研究成果对上述结论也提供了佐证。例如，气候政策倡议组织发布的《2021 年全球气候投融资报告》显示，2019～2020 年，减缓资金所占份额仍居绝对优势，占了九成以上（为 90.1%），多目标资金占 2.5%，适应资金仅占 7.4%。相较于 2017～2018 年的 5.2%，2019～2020 年适应资金的占比增长了 2.2 个百分点。[②] 与减缓相比，用于适应的全球资金流所占的份额微不足道。虽然大多数融资均用于减缓，但其效果并不理想。资金匮乏严重限制了适应举措的实施。气候适应融资关乎公正，如此不尽如人意的失衡融资结构无疑已与真实世界的现实出现了严重脱节。

　　第五，迈向公平和公正的适应转型十分迟缓。气候变化及其影响正在加剧全球范围内现存的社会经济不公正。处于气候变化最前沿的不发达国家和小岛屿发展中国家（统称为"特别脆弱国家"）对全球碳排放的历史贡献最小，正如一国之内贫困群体的温室气体排放量低于富

---

① United Nations Environment Programme, *Adaptation Gap Report* 2020, Nairobi: UNEP, 2021, p. xv.

② Climate Policy Initiative, *Global Landscape of Climate Finance*（2021），2021.

裕群体。然而，这些没有自救能力的特别脆弱国家和人群却承受了气候变化不成比例的影响和无法想象的痛苦。世界资源研究所气候观察平台提供的数据显示，十大温室气体排放国的碳排放量占全球碳排放总量的68%以上（超过2/3），而排放最少的100个国家的碳排放占比约为3%。此外，世界人均年碳排放量约为6.3吨，而加拿大和美国的人均年碳排放量分别达到了19.6吨和18.3吨。① 公平是解决气候危机的关键性出路。粮食和水资源最为稀缺的地方往往最需要开展适应工作。对适应和韧性的投资不足意味着特别脆弱国家的社区居民的生命和财产将持续受到影响。仅由特别脆弱国家自身为气候变化"买单"显然是不公平的。更何况，这些国家的财政本来就捉襟见肘。气候正义意味着对造成全球变暖负有最大责任的国家应该对碳排放最少的受害国提供补偿。

不可持续的全球社会经济发展模式，叠加气候危机，成为加剧发达国家与发展中国家以及代与代之间社会和环境不公正的深层次原因。发达国家理应为其百余年历史累积的碳排放承担不可推卸的道义责任。发达国家如果不切实履行2009年就做出的"到2020年每年提供1000亿美元气候融资"的承诺，那么不仅在政治上有损发达国家解决世界性问题的形象，还有可能受气候难民迁移量激增的影响而累及自身发展。气候公平也意味着我们这一代责无旁贷有为子孙后代的福祉与繁荣留下一个宜居地球的代际责任。发达国家未能及时兑现提供资金和技术等援助的承诺，成为全球气候治理中备受诟病的一块"短板"，既加剧了发达与发展中国家之间的裂痕，也成为全球范围内适应努力止步不前的关键所在。

世异时移，在交叉性气候灾害愈加严峻的背景之下，片面地寄希望于减缓而漠视适应的种种弊端正日渐凸显。两者之间的割裂还会导致"只见气候不见人"的局面，继而失去"以人为本"理念下的人文关怀

---

① 参见世界资源研究所气候观察平台，https://www.climatewatchdata.org/。

并扩大诸多社会不平等。这无疑与《联合国 2030 年可持续发展议程》中提出的"不让任何一个人掉队"的全球愿景是背道而驰的。从这个角度来说，气候问题也是一个不容忽视的政治问题。

三 加快气候适应行动有望带来多重"红利"

适应干预有可能带来多重有形和无形的"红利"。与不作为相比，采取行动所付出的成本总是更低。拖延得越久，坐等多重气候灾害一次次来袭，地球和人类就会付出越高昂的代价。相反，提前对气候韧性和适应能力进行投资将使人们更有尊严，也具有更高的成本效益。这样的策略也有助于保护来之不易的发展成果。

这一切已被很多研究所证实。由联合国第八任秘书长潘基文发起成立的全球适应委员会，是当今国际舞台上专门致力于推动适应行动的一个高端跨国组织，在许多方面正在引领国际适应行动的发展。该组织于 2019 年发布了一份题为《即刻适应：增强气候韧性领导力的全球呼吁》的报告，在对适应干预的广泛益处做了盘点后，令人信服地突出强调了三重"红利"。这份颇具洞见的报告为我们理解适应红利提供了有益的参考。适应红利当然远不止于此。在本文中，我们主要着眼于这三个维度进行梳理：即降低和避免损失；通过降低风险并驱动创新来创造经济效益；社会和环境方面的益处。

第一，降低和避免气候灾难造成的经济和非经济损失。极端天气事件带来的有形损失和破坏比以往任何时候都更为严重。一场突如其来的极端天气事件有可能给面临较高风险系数的人们带来无法挽回的"灭顶之灾"。为防患于未然，开发和完善针对热浪、风暴、洪水和干旱等多种灾害的早期预警系统就变得至关重要。仅就普及灾害预警系统而言，能挽救的生命和财产损失就可超过初始投资成本的十倍以上。若再细究，为天气和气候信息服务每投入 1 美元有望产生 4 ~ 25 美元的收益。更令人惊叹的是，只要对不断逼近的风暴或热浪提前 24 小时发出预警，就可将损失降低 30%。尤其是在发展中国家，对预警系统投资 8 亿美元，每年便可避免 30 亿～160 亿美元的巨额损失。① 毋庸置疑，有效的前期投资带来的经济和社会收益远胜于为救灾和重建付出的成本，前者也具有更高的成本效益。

孟加拉国便是投资早期预警系统来挽救生命并降低财产损失的一个佳例。这个贫穷的国家有遭受飓风带来的深重苦难的悲惨历史。世界气象组织的数据显示，1970 年的"博拉"旋风夺走了约 30 万人的生命。1991 年的另一场灾难性的飓风造成了约 13.9 万人罹难。② 2009 年，孟加拉国通过了《气候变化战略与行动计划》，成为世界上率先制定国家级行动计划的发展中国家。现如今，更精准的天气预报已融入社区为本的预警系统之中。到 2019 年，在杀伤力很强大的法尼飓风来临之前，孟加拉国将大约 200 万人提前撤离了危险地带，此次飓风的遇难人数仅为 17 人。③ 来自孟加拉国的案例不失为一个令人鼓舞的适应范例。

每个地球人都应享有针对各种自然灾害的预警系统的保护。然而令人担忧的是，世界气象组织 193 个成员国和地区中目前仅有半数拥有多灾害预警系统，其中非洲、拉丁美洲的一些国家、太平洋岛国以及加勒比岛国在天气和水文观测网络覆盖方面与发达国家还存在巨大差距。全世界仍有 1/3 的人口，主要是不发达国家和小岛屿发展中国家的人口，尚未覆盖早期预警系统。在最需要灾害预警保护的非洲，未被覆盖的比例竟高达 60%。④ 这一事实凸显了加快行动、缩小现存差距的紧迫性。

第二，增强韧性是具有高成本效益的有力"武器"。众所周知，在中低收入国家，人们正面临着卫生设施与供水系统不足、电网不稳定以

---

① Global Commission on Adaptation, *Adapt Now: A Global Call for Leadership on Climate Resilience*, Global Center on Adaptation and World Resources Institute, 2019, p. 14.

② World Meteorological Organization, *WMO Atlas of Mortality and Economic Losses from Weather, Climate and Water Extremes* (1970 – 2019), Geneva, 2021, p. 18.

③ "Cyclone Fani Leaves Trail of Destruction in Bangladesh; 17 Dead, Several Hurt," Northest Now, May S, 2019. https://nenow. in/neighbour/cyclone-fani-leawes-trail-of-destruction-in-bang/adesh – 17 – dead-several-hurt. html.

④ WMO, "African Ministers Commit to Expanding Early Warnings and Early Action," Geneva, 2022.

及交通网过度拥挤的现实困境。气候变化会加剧这些脆弱系统面临的挑战。

增强韧性意味着不仅要强化防洪防旱等设施及人们日常生活所需的基础设施，而且需要保护维系生命和经济活动的生物多样性和生态系统。[①] 例如，一个小岛屿发展中国家需要增强海岸保护以预防海平面上升，并确保其道路、桥梁和电网等基础设施能承受更强大的风暴。一个面临持续严重干旱的国家，最佳策略之一是采取投资早期预警系统等举措，使农民和当地社区提前做好水资源储备，从而尽可能将损失降至最低程度。

全球适应委员会的《即刻适应：增强气候韧性领导力的全球呼吁》报告以直观的数据揭示了韧性投资所带来的不菲经济回报：适应活动每投入 1 美元能产生约 4 美元的净经济收益。就投资改善韧性的总回报率来说，收益与成本之比从 2∶1 到 10∶1 不等，在某些情形下甚至更高。该报告的一个重要发现是，2020～2030 年，假如在全球五个关键领域投资 1.8 万亿美元，预计有望产生 7.1 万亿美元的净收益。[②] 这五个具有创新潜力的领域分别是加强预警系统、建设具有韧性的基础设施、改进旱作农业和作物生产、保护红树林以及使水资源管理具有韧性。

以建设具有韧性的基础设施为例，世界银行和全球减灾与恢复基金 2019 年联手推出的《生命线：韧性基础设施机遇》报告中，首次就中低收入国家基础设施毁坏的代价和投资具有韧性的基础设施的经济收益进行了评估。该报告探讨了电力、水与卫生、交通及电信这四个必不可少的基础设施系统，指出具有韧性的基础设施是可持续发展的生命线，更是改善健康、教育和民生的生命线。具有韧性的基础设施不仅可以避免昂贵的维修费用，而且可以最大限度地减少自然灾害对民生

---

① Stephane Hallegatte, Jun Rentschler and Julie Rozenberg, *Lifelines：The Resilient Infrastructure Opportunity*, Washington, DC：World Bank, 2019.

② Global Commission on Adaptation, *Adapt Now：A Global Call for Leadership on Climate Resilience*, Global Center on Adaptation and World Resources Institute, Rotterdam, 2019, p. 12.

和人类福祉的广泛影响。在发展中国家，投资建设具有韧性的基础设施所产生的净收益总额将达到 4.2 万亿美元。这意味着韧性投资每 1 美元可产生约 4 美元的收益。[①]

通过对适应的投资来提高生产率并赢得经济回报的案例还有很多。根据全球适应委员会的报告，农业研发投入的大幅增加给粮食生产带来的收益成本比处于 2∶1 到 17∶1 之间。投资农作物的滴灌工具也能大幅提升农业生产率。据预估，2050 年之前，大规模改用太阳能灌溉、普及天气预警系统以及改良新作物品种等适应措施，还能使全球农业减产量减少 30%。尤其值得重视的是，在城市规划、农业及土地管理等领域，将减缓与适应整合起来有望带来各种协同效应，特别是在改善健康与福祉、降低贫困以及消除饥饿等方面。[②] 从更宽泛的视角看，没有大自然的"馈赠"，人类将难以生存，更无法谋求发展。毋庸置疑，将减缓与适应整合起来促进发展是明智之举。[③]

第三，适应举措在社会和环境方面带来的显性和隐形益处。除了避免直接经济损失，构筑一个健康的生态系统能为发展中国家遭受气候影响最深的妇女、儿童、穷人等边缘化群体带来更多益处。举个例子来说，因气候变化而流离失所的人中，女性约占 80%。本来就为日常生活苦苦挣扎的穷人会因气候灾害摧毁家园和生计而陷入更深的"泥潭"。适应举措带来的健康与福祉益处也不容小觑。2030～2050 年，持续建设具有可持续性和韧性的卫生系统将在全球范围内每年减少 25 万人的与气候相关的人员死亡。[④] 可悲的是，这些死亡主要是由营养不良、疟疾、腹泻或热应激等可避免的因素导致的。

---

① Stephane Hallegatte, Jun Rentschler and Julie Rozenberg, *Lifelines：The Resilient Infrastructure Opportunity*, Washington, DC：World Bank, 2019.

② Intergovernmental Panel on Climate Change, "The Summary for Policy Makers," *Synthesis Report of the IPCC Sixth Assessment Report*, 2023, pp. 1 - 36.

③ Boidurjo Mukhopadhyay, "Entwining Climate Change Adaptation and Mitigation with Development," *International Journal of Environmental Research*, Vol. 3, No. 1, 2020, pp. 150 - 155.

④ WHO, "Climate Change and Health," October 30, 2021. https://www.who.int/news-room/fact-sheets/detail/climate-change-and-health.

与大自然和谐相处特别是自然保护所带来的好处不胜枚举。经济学家约翰·里德和著名生物学家托马斯·洛夫乔伊在《地球之肺与人类未来》一书中有力地揭示，世界上幸存的少数巨型森林对于保护全球生物多样性、保存数千种文化以及稳定气候尤其是在脱碳方面，将发挥不可或缺的作用。[①] 以红树林（由生长在沿海地区海水中的灌木和矮小树木构成）的恢复和保护为例，红树林不仅可以储碳，还为许多生物提供生计来源，而且是抵御洪水和风暴冲击的天然屏障。保护红树林是得到公认的能带来巨大经济价值的一项适应举措。假如红树林消失的话，全世界每年将会有 1500 万人被洪水淹没。采取保护举措而获得最大经济利益的国家包括美国、中国、印度和墨西哥等。而人口方面受益最大的有越南、印度和孟加拉国等。[②] 除了降低洪水和风暴给沿海城市和社区带来的负面影响，红树林还能促进沿海地区的渔业和旅游业发展。红树林作为海岸自然防御的重要"屏障"，在全球、国家和地方各级所起的作用都不容忽视。各国愈加重视对红树林这一自然资本的价值衡量和有效管理，以创造更多财富。

可见，适应是具有高回报率的一项投资。虽然气候变化是一种全球性现象，但抵消气候变化影响所需的适应行动多半是地方性的。世界各地都亟待进一步挖掘和释放适应干预的潜力。

四　气候危机之下全球气候适应前景堪虞

遏制气候变化已成为 21 世纪最严峻的挑战之一。在一个全球快速暖化的世界里，层出不穷的极端天气事件加剧了不确定性和复杂性。气候变化犹如悬在人类头上的一把"达摩克利斯之剑"。即使世

---

① John Reid and Thomas Lovejoy, *Ever Green: Saving Big Forests to Save the Planet*, New York: W. W. Norton & Company, 2022.

② Pelayo Menéndez et al., "The Global Flood Protection Benefits of Mangroves," *Scientific Reports*, Vol. 10, No. 1, 2020, pp. 1 – 10.

界因新冠疫情而放缓了社会经济发展的步伐，全球气候变化也不曾"停止"。根据联合国减少灾害风险办公室等组织联合发布的一份报告，2020年全世界记录在案的与气候相关的灾难共计389起，导致约1.5万人罹难，经济损失至少1713亿美元。无论记录的灾害数抑或年平均经济损失，2020年均高于此前20年（2000~2019年）的平均值。① 国际公共卫生紧急事件研究数据库收录的数据显示，2021年共有432起与自然灾害相关的灾难性事件，丧生者逾1万人，造成了2521亿美元的经济损失。②

大自然开始呈现残酷的"面孔"。2022年极端高温和水旱灾情互为叠加在世界多地几乎同时上演。历史罕见的炎热和干旱席卷了美国中西部地区和欧洲多数国家。一些欧洲国家遭受了500年一遇的严重旱情。莱茵河和多瑙河等"经济生命线"皆出现了部分河段干涸的现象。在巴基斯坦，一场毁灭性的洪水淹没了1/3的国土，摧毁了100余万人安身立命的房屋，受灾者超过3300万人，并吞噬了上千条鲜活的生命。③

在中国，2022年夏季，超过9亿人经历了高温热浪的影响。④ 在西南地区，持续近3个月的严重热浪，加上数十年罕见的旱情，致使长江流域多条江河断流，水位告急，不但货运受阻，农作物严重受灾，还导致大规模电力短缺甚至造成工业瘫痪。国家气候中心的评估结果显示，在6~8月的近三个时间里，中东部地区大范围的持续高温天气的综合强度刷新了1961年有完整气象观测记录以来的历史记录。持续高温天气除了对人们的日常生活造成直接影响，在经济方面的连带冲击也显而易见。这一切都是气候变化"惹的祸"。

---

① Centre for Research on the Epidemiology of Disasters and United Nations Office for Disaster Risk Reduction, 2020: *The Non-COVID Year in Disasters*, Brussels: CRED, 2021, p.7.

② Centre for Research on the Epidemiology of Disasters, *2021 Disasters in Numbers: Extreme Events Defining Our Lives*, Brussels: CRED, 2022, p.2.

③ 参见《2022年巴基斯坦洪灾》，维基百科，zh.wikipedia.org/zh-cn/2022巴基斯坦洪灾。

④《高温影响人口超9亿人，入夏以来全国高温日数历史同期最多》，光明网，2022年8月3日，https://m.gmw.cn/baijia/2022-08/03/1303073719.html。

　　科学研究成果也不时敲响警钟：地球和人类社会正处于气候危机边缘。不容错失的机会虽然仍旧摆在人类眼前，但稍纵即逝。联合国环境规划署发布的《2022 年度排放差距报告》，恰如其分地命名为《正在关闭的窗口期：气候危机急需社会快速转型》。这份报告指出，根据各国自格拉斯哥《联合国气候变化框架公约》第 26 届缔约方会议以来对 2030 年前行动的新承诺，全球将步入到本世纪末升温 2.4～2.6 摄氏度甚至 2.8 摄氏度的轨道。[①] 全球升温一旦超过 1.5 摄氏度阈值，极端天气事件会变得强度更强，频率更高，持续时间也更长。

　　联合国政府间气候变化专门委员会的系列权威报告也一再证实了气候危机的严峻性。在其 2022 年发布的第六次评估报告第二工作组报告《气候变化 2022：影响、适应和脆弱性》中发出了气候变化对人类和生态系统的破坏性、广泛性和不可逆转性的警告。该报告得出的结论认为："假如在适应和减缓方面进一步推迟协调一致的全球预期行动，势将错失为所有人打造一个宜居和可持续未来的短暂且迅速关闭的机会之窗。"[②]

　　更值得关注的是，肩负众望的联合国政府间气候变化专门委员会在 2023 年 3 月刚刚通过了第六次评估周期的《综合报告》，并批准了其《政策制定者摘要》，进一步明示人类正滑向越来越危险的境地："2030 年以后，任何一年的全球地表温度都有 50% 可能性，比工业化前高出 1.5 摄氏度。"如果全球继续按目前的速度暖化，地球到 21 世纪末将升温 3.2 摄氏度，即使现有的承诺得到履行，气温仍有可能上升至少 2.2 摄氏度。[③] 这份科学评估报告代表了世界主流声音，被视为了

---

① United Nations Environment Programme, *Emissions Gap Report 2022*, *The Closing Window*: Climate Crisis Calls for Rapid Transformation of Societies, Nairobi: UNEP, 2022.

② Hans-Otto Pörtner et al. (eds.), "Summary for Policy Makers," in *Climate Change 2022*: Impacts, Adaptation and Vulnerability, Contribution of Working Group II to the Sixth Assessment Report of the Intergovernmental Panel on Climate Change, Cambridge and New York: Cambridge University Press, pp. 3–33.

③ Intergovernmental Panel on Climate Change, "The Summary for Policy Makers," in *Synthesis Report of the IPCC Sixth Assessment Report*, 2023, pp. 1–36.

解全球气候变化状况的主要窗口。它的研究发现催人深思，让人深感忧虑。

与减缓干预相比，迄今所采取的适应行动显然是远远不够的。纵然采取了最为有效的遏制温室气体排放的举措，气候变化的不利影响仍将有增无减。在全球范围内，加强适应政策制定、适应融资的努力都还没有得到充分考虑。① 当然，世界各地的适应行动及其面临的挑战存在很大差异。虽然有至少170个国家将适应纳入其气候政策和规划之中，但总体而言，适应干预多半是支离破碎的，而且分布很不均衡。适应差距不仅存在，而且仍在持续扩大。人类解决适应问题的选择空间在逐渐变小。裹足不前的气候适应治理始终没有跟上气候变化及其影响的节奏。鉴于减缓对于降低社会经济和人们脆弱性方面存在局限性，决策者迫切需要考虑更宽泛的适应政策以增强气候韧性。②

眼下，全球气候适应治理面临很多障碍和"瓶颈"。我们可以列出亟待化解的问题清单：譬如如何使全球适应目标变得可操作？如何将凝聚了全球共识的集体承诺落到实处？如何超越全球气候政治中的南北分歧与博弈，促进发达国家和发展中国家的携手合作？如何切实解决可持续提供适应融资与技术支持等难题？如何整合碎片化的适应干预？如何以包容性方式凝聚各个利益相关方，以统筹协调取代各自为战？如何调动私营部门投资适应的动机和意愿？如何大面积动员民众参与？如何增强转型性适应③的紧迫感？如何处理适应不良所导致的事与愿违的结果？即旨在帮助发展中国家适应气候变化并降低其脆弱性的一些国际

---

① Lea Berrang-Ford, "A Systematic Global Stocktake of Evidence on Human Adaptation to Climate Change," *Nature Climate Change*, Vol. 11, No. 11, 2021, pp. 989 – 1000.

② Roger Pielke et al., "Lifting the Taboo on Adaptation," *Nature*, Vol. 445, No. 7128, 2007, pp. 597 – 598.

③ 转型性适应即预计到气候变化及其影响而去改变一个社会生态系统之根本属性的适应。参见 Hans-Otto Pörtner et al. (eds.), "Annex II: Glossary," in *Climate Change* 2022: *Impacts, Adaptation and Vulnerability, Contribution of Working Group II to the Sixth Assessment Report of the Intergovernmental Panel on Climate Change*, Cambridge and New York: Cambridge, p. 2899.

干预措施因设计不当而加强甚至制造了新的脆弱性来源。[①] 凡此种种皆需要探寻更为明确的答案。

其中，促进全球气候行动中的公平正义、解决气候融资获取与分配上的问题以及增进气候适应治理的国际合作，是最主要的三大"短板"。它们凸显了多边气候适应治理格局中亟待关注的结构性缺陷，也暴露了以联合国为核心的多边气候合作的"弱点"。有效应对这三个急迫问题是加速全球气候适应治理的催化剂。

第一，切实落实全球气候治理中的公平正义原则。一个不容否认的事实是，最贫困国家对全球历史碳排放量的贡献最小，却无辜受到了气候变化的最大冲击。正如一国之内，贫困人口的温室气体排放量低于富裕群体，但更有可能遭受气候变化的影响。因为贫困人口往往生活在洪水易发地段，以农业为生，缺乏良好的供水和卫生设施等。在很多地方，频繁发生的极端天气事件已经改变了人们生计和生存方式。

极端天气事件虽已遍及世界各地，但最亟须开展适应干预的无疑是脆弱的贫困国家。以世界银行开展的一项洪灾研究为例，在其所考察的 189 个国家中，几乎每个国家都面临洪水的风险，但近九成（89%）暴露于洪水风险之中的人口生活在中低收入国家。全球直接暴露于强洪水风险之中的人口约有 14.7 亿人，其中逾 1/3 为贫困人口。[②] 最易受热浪、干旱、风暴和海平面上升影响的国家，往往需要应对更为紧迫的优先发展事项，如消除饥饿和贫困等，因而也最缺乏资源自主开展适应活动，或者只得诉诸短期的权宜之计。但是，如果不消除气候变化的威胁就无法消除贫困，还会因气候灾害陷入更深的贫困泥塘之中。

全球平均升温的主流叙事显然掩盖了有的地方变暖更快因而需要

---

① Siri Eriksen et al. , "Adaptation Interventions and Their Effect on Vulnerability in Developing Countries: Help, Hindrance or Irrelevance?" *World Development*, Vol. 141, No. 4, 2021, p. 105383.

② Jun Rentschler and Melda Salhab, "People in Harm's Way: Flood Exposure and Poverty in 189 Countries," *Policy Research Working Paper*, No. 9447, Washington, DC.: World Bank, 2020.

率先落实适应举措的事实。受气候变化严重影响的非洲大陆就是一个例证。非洲不仅比全球变暖的平均速度更快，而且极端干旱和洪水的持续时间也更长。非洲遭受的损失和损害表现为物种灭绝、生物多样性丧失以及生态系统不可逆转的破坏，包括淡水、土地和海洋生态系统等。肯尼亚、索马里和埃塞俄比亚仍在数十年来最为严重的干旱中挣扎。灾难性的旱情使饱受贫困、饥荒及粮食安全问题等多重危机冲击的底层民众的处境雪上加霜。水源枯竭也引发了社会冲突、大量人口背井离乡等一系列连锁反应。截至2022年底，整个"非洲之角"有超过3600万人深受影响，其中埃塞俄比亚2400多万人、索马里780万人、肯尼亚450万人。许多灾民，特别是妇女和儿童需要得到人道主义援助。① 在马达加斯加，持续干旱造成的饥馑也导致当地人陷入生存的绝望之境。

在脆弱国家开展更强有力的气候行动显然势在必行。可以肯定的是，伴随气候危机的不断升级，非洲绝不会是深陷灾害"泥潭"的最后一个大陆。2023年3月底，联合国大会投票通过了一项历史性决议，要求世界最高法院确定各国抗击气候变化的义务和责任。这一决议明确要求世界各国尤其是发达国家为促进气候公正担责，并将此诉求正式提交给国际法院（ICJ）。此举有可能驱使各国采取更有力举措，亦从一个侧面说明了气候公平在国际议程中的分量。

第二，解决气候融资获取与分配上的问题。非洲的案例是脆弱国家及其人口无力靠自身资源应对气候变化问题的注脚。坦率地讲，对于脆弱的发展中国家来说，国际融资是将气候战略和计划转化为行动的"刚需"。更长远地看，适应举措可以节省不少成本，带来的长期收益也相当可观。但它们几乎都需要不少前期投入，特别是一些转型性适应更是需要大量投资。除了切实履行减排义务，发达国家理应及时兑现向发展中国家提供资金、技术和建设支持的承诺。

---

① UN Office for the Coordination of Humanitarian Affairs, *Horn of Africa Drought：Regional Humanitarian Overview & Call to Action*, New York and Geneva, 2022.

然而，全球适应资金不仅一直存在巨大缺口，而且缺口呈现继续扩大之势。根据联合国环境规划署发布的《2022 年适应差距报告：行动太少，进展太慢——如果气候适应失败，世界将会面临风险》，流向发展中国家的国际适应资金正在缓慢增加。发展中国家当前需要 710 亿美元以满足其适应需求。实际流向发展中国家的国际适应资金比预估的低 5 ~ 10 倍。考虑到通货膨胀的影响，到 2030 年，预计每年适应行动需要 1600 亿 ~ 3400 亿美元的资金，到 2050 年这一数字将进一步上升为 3150 亿 ~ 5650 亿美元。[①] 可见，气候融资的挑战颇为棘手。要补足这个缺口，谈何容易？自联合国气候变化巴黎大会以来，呼吁推动减缓与适应的资金取得平衡的声浪不断高涨。联合国秘书长古特雷斯也多次呼吁。这无疑呼应了联合国近年来明确发出的发达国家和多边开发银行宜将气候融资的一半用于适应和韧性方面的强烈信号。

第三，增进适应方面的国际合作。确保气候变化不会危及较贫穷国家的发展和稳定符合全世界的共同利益。联合国政府间气候变化专门委员会在《气候变化 2022：影响、适应和脆弱性》报告中特别强调，适应除了是国家和地区的关切事项，也是一项全球责任。[②] 在许多情形下，本地的适应举措有可能通过供应链、市场或人员的流动等方式对遥远的国家和地区产生影响。因此，实施良好的气候适应举措应被视为国际和国家层面对长期社会经济福祉和公平的一项共同责任。[③] 增强所有国家的气候适应能力和韧性大有裨益，因为任何一个国家"掉链子"都将影响整个地球村。由于缺乏协调一致的有力全球行动，在应对气

---

① United Nations Environment Programme, *Adaptation Gap Report* 2022, *Too Little*, *Too Slow-Climate Adaptation Failure Puts World at Risk*, Nairobi, 2022, p. 20, p. 51.

② Hans-Otto Pörtner et al. （eds.）, "Summary for Policy Makers," in *Climate Change* 2022：*Impacts*, *Adaptation and Vulnerability*, *Contribution of Working Group II to the Sixth Assessment Report of the Intergovernmental Panel on Climate Change*, Cambridge and New York：Cambridge University Press, pp. 3 – 33.

③ Alexandre Magnan, Ariadna Anisimov and Virginie Duvat, "Strengthen Climate Adaptation Research Globally：More International Incentives and Coordination Are Needed," *Science*, Vol. 376, No. 6600, 2022, pp. 1398 – 1400.

候变化时，不但减缓方面"火力"不足，适应干预也长期止步不前。在一个互为依存的全球化世界，秉持国际合作精神俨然成为最佳出路之一。

概言之，展望未来，全球气候变化及适应治理的前景并不容乐观。假如没有雄心勃勃的适应行动，到 2050 年，全球的粮食需求将增长 50%，而农业产量却有可能下降高达 30%。全世界 5 亿农民的生计和生活将受到更严重的不利影响。每年至少有一个月缺乏充足供水的人数将从 2018 年的 36 亿人飙升至 2050 年的 50 亿人以上，可能引发对水资源前所未有的竞争。[①] 海平面上升和更大的风暴潮会迫使沿海低洼地区数以百万计人口背井离乡。据世界银行预测，到 2050 年，全球将产生逾 2 亿国内"气候移民"。[②] 联合国难民署也指出，世界上约 80% 的流离失所者身处"发生气候突发事件的国家"。[③] 倘若如此，联合国 2030 年可持续发展目标的宏伟愿景终将化为泡影。然而迄今为止，各国政府仍缺乏携手与气候变化"赛跑"的强大政治意愿和决心。

五　结论

综上，减缓与适应之间的长久失衡已造成了很多负面效应。事实上，两者存在密切的内在联系。如果不把减缓当作优先目标，那么，人类和整个地球都有可能陷入越发危险的境地。致力于斩断全球升温根源的减缓固然无可厚非。减缓不充分可能意味着需要更多的适应行动，并带来更多的损失和损害。减排上的不作为或者延迟行动的时间越久，有效适应行动的选择机会就会变得越少。为了最小化并避免未来的损

---

① Global Commission on Adaptation, *Adapt Now: A Global Call for Leadership on Climate Resilience*, Global Center on Adaptation and World Resources Institute, 2019, p. 6, p. 35.
② ViViane Clement et al., *Ground Partz: Acting on Internal Climate Migration*, Washington DC: World Bank, 2021, p. 80.
③ The UN Refugeo Agency, *Climate Action*, Geneva, 2023, p. 1.

失和损害，人类必须立即诉诸深度和快速减排，以便创造一个更安全且可持续的世界。需要注意的是，主要依靠适应根本无法赶上气候变化及其影响的步伐。适应也无法阻挡已经发生以及将来可能发生的所有损失和损害。由此可见，适应行动并不能取代减缓举措。① 然而，即使采取了强有力的减缓举措，气候变化的风险也依旧存在。延迟或搁置适应行动同样会使人类陷入被动甚至遭受无法估量的损失和损害。可见，对减缓和适应并不能做出非此即彼的选择。倘若硬要分出主次、先后或轻重，则必须基于特定的时空情境。

放眼今日世界，气候适应已跃升为亟待关切的一个全球性问题。气候变化的速度比以前预测的要快得多。整个地球正在快速暖化，全球平均气温比前工业化水平已高出约 1.1 摄氏度，正朝着 1.5 摄氏度这个危险临界点逼近。② 各种极端天气事件接踵而至，已成为新常态。气候变化不分国界，无论贫困还是富裕，也不管是发达国家还是发展中国家，适应治理问题已成为所有国家共同面临的一个全球性挑战。它也是整个 "人类命运共同体" 必须齐心协力面对的一个影响深远的系统性挑战。③ 伴随全球日渐暖化，气候变化对未来世代构成的威胁将远胜于我们这一代。这也注定了全球气候适应治理必是一场马拉松式的 "接力赛"，任重而道远。

上文的事实表明，积极的适应举措能带来不容小觑的红利。诸如灾害风险管理、预警系统、气候服务、社会安全网等各种适应方案，在许

---

① Future Earth, The Earth League and WCRP, 10 *New Insights in Climate Science*, Stockholm, 2022.

② IPCC, "Summary for Policy Makers," in *Global Warming of 1.5℃: An IPCC Special Report on the Impacts of Global Warming of 1.5℃ above Pre-industrial Levels and Related Global Greenhouse Gas Emission Pathwans, in the Context of Strengthening the Global Response to the Threat of Climate Change, Sustainable Development, and Efforts to Eradicate Poverty*, Cambridge and New York: Cambridge University Press, 2018.

③ Hans-Otto Pörtner et al. (eds.), "Summary for Policy Makers," in *Climate Change 2022: Impacts, Adaptation and Vulnerability, Contribution of Working Group II to the Sixth Assessment Report of the Intergovernmental Panel on Climate Change*, Cambridge and New York: Cambridge University Press, pp. 3-33.

多部门和系统都具有广泛适用性。① 与灾后恢复和重建相比较，未雨绸缪地做好适应和韧性"功课"，应对行动方能更加容易，也具有更高的成本效益。从短期看，诸如抗击百年一遇洪水的基础设施建设等需要投入大量资金。不过从长远来考量，收益远胜于成本是不言自明的。这凸显了增强社会经济系统韧性的重要性和必要性。从更宽泛的视野看，保护一个健康的生态系统对于实现减贫、消除饥饿、保障水资源安全、促进性别平等以及人人享有卫生保健等可持续发展目标也都至关重要。

所幸的是，近年来，国际发展界尤其是以联合国为核心的多边机构频频发出了适应与减缓资金流应持平的强烈信号。部分多边开发银行和国际金融机构已迈出了重要一步。兹举一例，世界银行目前系发展中国家气候行动的最大多边融资机构。在《世界银行气候变化行动计划（2016—2020）》中，其承诺到2020年将气候融资提高到占世界银行投资业务28%的目标。在《世界银行气候变化行动计划（2021—2025）》中，世界银行承诺在未来五年将气候融资提高到其投资业务的35%。此外，世界银行旗下的国际复兴开发银行（IBRD）和国际开发协会（IDA）都做出了确保气候资金的50%用于支持气候适应和增强韧性的保证。这些富有远见的举措旨在增加对发展中国家应对气候变化并适应日益严重的气候影响的援助。这些利好信号就是向"气候方程式"适应端倾斜的明证，凸显了多边发展机构对绿色、韧性和包容性发展的支持。

唯有努力将减缓和适应整合起来，方有可能实现促进所有人可持续发展的气候韧性发展（climate resilient development）。人类能应对过去和当下的气候挑战，未必意味着能够经受住未来更严峻且更持久的复合性危机的考验。在与气候变化的较量中，为了免受更加严重的影响，人类必须与时间"赛跑"，未雨绸缪地增强气候韧性。气候适应治

---

① Intergovernmental Panel on Climate Change, "The Summary for Policy Makers," *Synthesis Report of the IPCC Sixth Assessment Report*, 2023, pp. 1 – 36.

理不仅是环境议题，也关涉政治、经济、社会和文化问题。① 从改变农业种植模式的短期项目，到保护基础设施免受百年一遇洪水冲击的项目，唯有从可持续发展的视角予以全面考虑，方有可能在眼前利益与远大目标之间取得平衡，并能公平而有效地赋权给身处气候变化第一线的脆弱社区和人群。

一言以蔽之，为了一个绿色和具有韧性的未来，全球采取即刻行动的"压倒性"理由无可辩驳。人类既要致力于深度和快速减排以遏制全球持续暖化，又不得不直面气候变化带来的负面影响。全球气候治理何去何从正处在一个关键性的十字路口。面对高度不确定的极端天气事件，唯有跳出传统思维，改变仅重视减缓的固有思路，明智地统筹推进减缓和适应行动，特别是二者的协同增效，我们方能走得更快，也走得更远。

当前，适应干预的挑战与机遇并存，但挑战远大于机遇。"亡羊而补牢，未为迟也"，为了拯救地球，也为了拯救人类，国际社会和世界各国都必须整合各种资源，以前所未有的勇气、决心和紧迫感在减缓和适应上给予同等重视。将适应和减缓整合起来促进所有人可持续发展的气候韧性发展，也是对国际和各国决策者政治意愿和政治智慧的一大考验。是时候深刻反思和转换思路，大胆提振气候适应雄心并加快行动了。

---

① Benjamin Sovacool and Björn-Ola Linnér, *The Political Economy of Climate Change Adaptation*, New York：Palgrave Macmillan, 2015.

气候变化背景下藏北昂孜错湖面扩张及其生计影响研究[*]

张晓克　刘渊国　杜心栋[**]

摘　要：在全球气候变化的影响下，气温持续升高使得高原冰川融化加快，全球变暖导致的高原地区降水变化和冰川加速消融等是藏北典型湖泊群湖面扩张的主要原因。湖面扩张的典型湖泊多位于无人区或者实施了极高海拔地区生态搬迁，因此本文选择昂孜错作为研究对象。研究发现昂孜错湖面扩张淹没了周边地区大量的草场，草场淹没影响了草地载畜量，减少了牧民的经济收入，进而会影响当地牧民的生计策略。气候变化背景下湖面扩张引起草场淹没会对当地经济造成一定的影响，需探索新的畜牧业经营方式。

关键词：湖泊扩张　气候变化　生计　昂孜错

一　导言

青藏高原是除南北极之外地球上冰川分布最多的区域，被称为"亚洲水塔"，长江、黄河等十多条亚洲河流皆发源于此，也是众多湖泊的重要补给来源。青藏高原湖泊群是"亚洲水塔"的重要组成部分，

---

　*　特别感谢河海大学环境与社会研究中心陈阿江教授在论文撰写中给予的指导。

　**　张晓克，河海大学公共管理学院、河海大学环境与社会研究中心副教授，研究方向为土地生态、环境社会学；刘渊国，河海大学公共管理学院硕士研究生，研究方向为土地生态；杜心栋，河海大学公共管理学院副教授，研究方向为土地整治、土地利用规划。

其分布广泛，是世界上分布数量最多、面积最大、平均海拔最高的高原湖泊群，总面积超 50000 km^2，约占我国湖泊总面积的 50%，其中 1 km^2 以上的湖泊超 1400 个。大部分青藏高原湖泊为咸水湖，营养含量低，有明显的碱性特征，总体来说，南部的湖泊含盐量较低，ph 酸碱度较高，北部的湖泊含盐量较高，ph 酸碱度较低。[①]

　　湖泊的动态变化有明显的区域分布特征，藏北高原羌塘地区的湖泊由最初的萎缩状态转为扩张状态，色林错和周边地区的湖泊在研究时间内一直表现为持续扩张状态，冈底斯山北麓的湖泊在近几十年内一直维持相对稳定，2000～2010 年间湖泊扩张最为明显。[②] 1976～2010 年，藏北高原的湖泊数量持续增加，1976 年、1990 年、2000 年和 2010 年的数量分别为 675 个、707 个、777 个和 789 个，相对于 1976 年，2010 年约增长 16.89%。其中，1990～2000 年的湖泊数量增加最快，达到了 70 个；湖泊面积分别为 23034.04 km^2、23167.24 km^2、24235.33 km^2 和 27441.95 km^2，呈现先缓慢后快速的增长趋势，相对于 1976 年，2010 年的面积增加了约 19.14%；2000～2010 年的湖泊数量和面积的增长速度最快，显著高于 1976～1990 年和 1990～2000 年两个时期。[③] 湖泊对气候变化的敏感性受海拔和湖泊面积大小的影响，海拔较高的湖泊对温度变化更加敏感，面积较小的湖泊对降水变化更加敏感。李东昇等[④]研究了哈拉湖与气候变化之间的响应关系，发现湖泊面积变化与降水量呈正相关，降水量影响湖泊的变化。近几十年来，随着全球变暖加剧，冰川和永冻层加速融化，对冰川湖泊的补给作用迅速增大。根据拉

①　Chong L., Liping Z., Junbo Wang, Jiantin J. and Qingfeng M., "In-situ Water Quality Investigation of the Lakes on the Tibetan Plateau," *Science Bulletin*, Vol. 17, No. 66, 2021, pp. 1727 – 1730.

②　李治国：《近 50 年气候变化背景下青藏高原冰川和湖泊变化》，《自然资源学报》2012 年第 8 期。

③　林乃峰：《近 35 年藏北高原湖泊动态遥感监测与评估》，硕士学位论文，南京信息工程大学自然地理学系，2012 年，第 27～32 页。

④　李东昇、张仁勇、崔步礼、赵云朵、王莹、姜宝福：《1986～2015 年青藏高原哈拉湖湖泊动态对气候变化的响应》，《自然资源学报》2021 年第 2 期。

巴等人①的研究，1992 年以来，普若岗日冰川总面积减少了 15.29 km²，而令戈错面积增加了 17.79 km²。研究还发现，2000～2018 年冰川总量减少了约 340Gt，而湖泊的总水量增加了 166Gt。以冰川、冻土为主的固态水正快速消融，转化为以地表径流、地下水为主的液态水，尤其是在北部内流区，液态水的增加比较明显，但南部外流区部分液态水呈现减少趋势。第三极地区气温升高打破了原有的水量库存比例，固态水减少，液态水增多，随着全球气温持续升高，这种不平衡预计会进一步扩大。"亚洲水塔"的失衡标志着以青藏高原为核心的第三极地区的环境发生了巨大变化。②

牧民在高寒草地上从事经济活动，对生态环境的认知将影响他们的生计决策，进而影响草原生态。藏北地区的社会、人力资本较低，物质资本最能影响牧民生计策略的选择。③ 青藏高原草地管理分为个体草地管理、联合家庭草地管理、股权合作草地经营和集体草地经营等。④ 在气候变化的影响下，湖泊水位上涨，向外扩张，淹没草场，严重影响了生态环境和牧民生计。因此，急需探索维持牧民生计和应对气候变化的对策。青海省将青海湖扩张淹没的草场纳入湿地生态效益补偿范围，有效缓解了湖面扩张对牧民生计的冲击。陈阿江等人⑤

① 拉巴、格桑卓玛、拉巴卓玛、尤学一、普布次仁、德吉央宗：《1992—2014 年普若岗日冰川和流域湖泊面积变化及原因分析》，《干旱区地理》2016 年第 4 期。

② Tandong Y., Tobias B., Deliang C., Jing G., Walter I., Shilong P., Fengge S., Lonnie T., Yoshihide W., Lei W., Tao W., Guangjian W., Baiqing X., Wei Y., Guoqing Z. and Ping Z., "The Imbalance of the Asian Water Tower," *Nature Reviews Earth & Environment*, Vol. 3, No. 10, 2022, pp. 618 – 632.

③ 宋连久、孙自保、孙前路、方江平、苗彦军、徐雅梅、刘天平：《藏北草原牧民可持续生计分析——以班戈县为例》，《草地学报》2015 年第 6 期。

④ Mingyue Y., Shikui D., Quanming D., Yudan X., Wenting L. and Xinyue Z., "Trade-offs in Ecological, Productivity and Livelihood Dimensions Inform Sustainable Grassland Management: Case Study from the Qinghai-Tibetan Plateau," *Agriculture, Ecosystems and Environment*, Vol. 313, No. 313, 2021, pp. 107 – 337.

⑤ 陈阿江、王昭、周伟：《气候变化背景下湖平面上升的生计影响与社区响应——以色林错周边村庄为例》，《云南社会科学》2019 年第 2 期。

探讨了湖平面上升对色林错周边地区牧民生计的影响，他们的研究指出，在湖面扩大的影响下，草场承包责任制渐渐失去原有的优势，难以应对气候风险的冲击，社区合作制的出现改变了这个局面，放牧区域扩大且草场可以集体使用，让牧民不必独自承担风险，而是由社区承担，从而增强了牧民应对气候变化的能力，减轻了湖平面上升给牧民造成的负面影响。

综上所述，多数研究针对单个湖泊或局部区域，缺乏对近期藏北整体湖泊的面积变化情况的关注，且从气候变化－湖面扩张－草场淹没的角度分析牧民生计的研究较少。因此，本研究选取并分析了 2000～2020 年藏北高原大于 $200km^2$ 的湖泊面积的变化，以昂孜错为例，估算气候变化造成的草场淹没面积及其对载畜量的影响，结合社会－经济－自然复合生态系统理论，从牧民可持续生计视角，围绕牧民生计开展气候变化背景下草地适应性管理研究。本研究可为后期样本区的野外调研工作提供数据支持，为高寒区牧民适应气候变化提供具体的对策。

二 气候变化背景下藏北典型湖泊特征

（一）藏北气候变化

根据 IPCC 第六次评估报告，全球温度的上升趋势日益加剧。藏北气候变化越来越明显，2000～2018 年，年平均气温呈现明显上升趋势，共上升了 0.70℃，平均每 10 年气温上升约 0.39℃。2009 年，年均气温达到 -3.15℃，是 2000～2018 年的最高年均气温（见图 1）；年平均降水量波动较大，呈分段增加趋势。年平均降水量为 342.53mm，2015 年降水量达到一个较低的值，比平均值低 80.68mm（见图 2）；年均最大积雪深度呈现下降趋势，2000 年的年均最大积雪深度为 22.47cm，之后年均最大积雪深度波动下降（见图 3）。

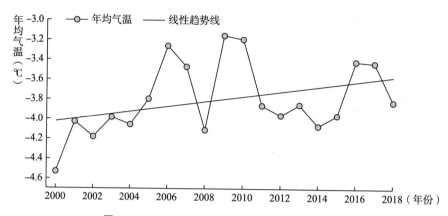

图1　2000～2018年藏北地区年均气温变化情况

资料来源：CRU – TS 4.05（Climatic Research Unit Time Series, https://sites. uea. ac. uk/）。

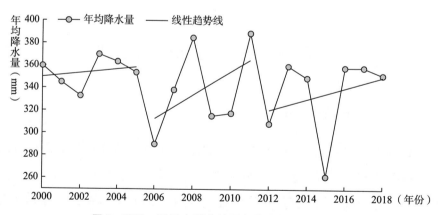

图2　2000～2018年藏北地区年均降水量变化情况

资料来源：CRU – TS 4.05（Climatic Research Unit Time Series, https://sites. uea. ac. uk/）。

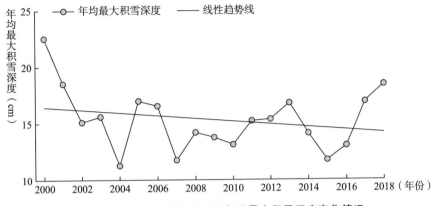

图3　2000~2018年藏北地区年均最大积雪深度变化情况

资料来源：ERA5 数据集（ECMWF Reanalysis v5，https://cds. climate. coperni-cus. eu/）。

气温、降水量等气候变化显著影响了湖泊水位和水量的变化，尤其是在藏北干旱地区，[①] 降水以及降水形成的地表径流是湖泊水量的主要来源，也是水位上升的主要原因，湖泊水位上升必然受到降水量的影响。冰川融水形成的地表径流也是干旱区湖泊的重要水量来源，气温上升将对雨水补给型湖泊产生负面影响，但对冰川融水补给型湖泊产生正向效应。[②] 近20年来，藏北地区温度持续升高、最大积雪深度不断下降，加剧了湖泊周边地区冰川融化，从而对湖泊水位上升、面积增加产生正向影响。综上，降水和冰川融水都影响藏北地区湖泊的扩张，湖面蒸发和土壤冻融也会影响湖泊面积的变化，湖泊扩张原因还需进一步研究。

（二）　藏北典型湖泊群特征

本文收集了那曲市2000~2020年的104景遥感影像，利用MNDWI

---

① Jing Zhou, Lei Wang , Xiaoyang Zhong, Tandong Yao, Jia Qi, Yuanwei Wang and Yongkang Xue, "Quantifying the Major Drivers for the Expanding Lakes in the Interior Tibetan Plateau," *Science Bulletin*, Vol. 67, No. 5, 2022, pp. 474 – 478.

② 闰利、张廷斌、易桂花、苗加庆、李景吉、别小娟、黄祥麟：《2000年以来青藏高原湖泊面积变化与气候要素的响应关系》，《湖泊科学》2019年第2期。

水体指数辅以目视解译提取湖泊，最终选择面积大于 $200km^2$ 的湖泊作为研究对象。运用 ArcGIS 计算湖泊面积，并分析湖泊的面积变化情况。那曲市面积大于 $200km^2$ 的湖泊主要分布在西部和南部，尤其是大型湖泊，其他地区分布的湖泊数量较少。利用 2000～2020 年获取的遥感图像分别提取多期湖泊面积，[①] 具体情况如表 1 所示。

表 1　利用遥感影像提取的 2000～2020 年主要湖泊面积

单位：km^2

湖泊	2000 年	2010 年	2015 年	2020 年
色林错	1814.79	2333.13	2400.82	2447.79
当惹雍错	837.26	842.59	858.01	874.97
格仁错	485.58	473.89	474.21	480.79
错鄂	269.73	278.97	261.88	267.11
多格错仁	273.09	473.10	489.60	514.37
达泽错	244.76	290.44	314.24	341.03
兹格堂错	212.87	234.33	240.90	242.45
多格错仁强错	212.77	357.12	398.85	456.67
巴木错	206.73	249.70	250.85	247.25
昂孜错	397.02	446.83	464.05	486.95

资料来源：根据 MNDWI 水体指数辅以目视解译提取。

从表 1 可以看出，2000～2020 年除了格仁错、错鄂、巴木错以外，

---

① 本研究获取的遥感影像为 Landsat TM/OLI，提取范围为藏北高原内流区。根据以往研究，湖泊存在季节性变化。为了消除这种变化对湖泊提取的影响，本研究在选取遥感影像时，尽量选择相同月份的影像，因此优先选择 9～11 月份的遥感影像。若 9～11 月遥感影像云量较多、质量较差，就以 9～11 月周围月份的高质量遥感影像替代。比值法是最常用的水体提取方法之一，主要包括 MNDWI 模型、NWI 模型和 NDWI 模型等。相关研究表明，MNDWI 提取生长季（5～10 月份）湖泊浅水区域的效果好于 NDWI。所以本研究采用 MNDWI 模型，公式如下：

$$MNDWI = (\rho Green - \rho MIR)/(\rho Green + \rho MIR) \tag{1}$$

式中：$\rho Green$ 代表 Landsat 影像的绿光波段，ρMIR 代表 Landsat 影像中的红外波段。具体的提取步骤如下：①将所选择的 Landsat 影像导入 ArcGIS 平台，根据公式（1）计算 MNDWI 指数，以 0.15 为阈值提取湖泊，然后将结果转为矢量图形并选择面积大于 10 km^2 的湖泊。②由于实际提取过程会受到雪、冰等干扰，而且与湖泊相连的河流也会被提取，所以还需进行目视检查和人工修正，去除多余的部分。

其余七个湖泊的面积整体上都呈现增加趋势；尤其是色林错，2020 年相对于 2000 年，增加面积达 633 km^2。其中，格仁错、错鄂、巴木错的面积存在上下波动的情况，在这一段时间内有增加也有减少，但是总体来看，湖泊面积的增加量比较少，是比较稳定的。

综合来看，2010～2015 年，湖泊面积共增加 173.31 km^2，增长率比较低。2015 年以后，巴木错的面积小幅减少，但更多的湖泊的面积都有所增加，湖泊总面积增加了 205.97 km^2。2000～2020 年，色林错的面积增加最多，共增加 633 km^2，多格错仁、多格错仁强错、达泽错和昂孜错增加的面积共为 671.38 km^2。错鄂和格仁错的面积处于减少状态，但减少的速度缓慢，总体保持稳定。以 2000 年为基准，湖泊面积增长率最高的是多格错仁强错，达到了 114.63%，除此之外，色林错、多格错仁和达泽错湖泊面积的增长率也超过了 35%。总体上，湖泊面积呈现扩张趋势。

多格错仁强错、多格错仁、达泽错、色林错和昂孜错的面积变化较大。多格错仁和多格错仁强错位于藏北无人区。2017 年 11 月，当地政府管理部门发布通知严禁个人非法穿越无人区。由于普若岗日冰川处于生态恢复期，那曲市于 2018 年初禁止一切游客进入该地区。随着人类活动减少、湖泊水位抬升、水域面积增加，环湖地区的水草变得更加茂盛，野牦牛、岩羊、黑颈鹤等野生动物数量也有明显增加。达泽错位于那曲市双湖县，双湖县是我国海拔最高的县。2019 年，双湖县第一批 3 个乡村进行了高海拔牧民生态搬迁；2022 年 7 月，双湖县第二批高海拔牧民生态搬移正式启动，4 个乡村的牧民们搬离了严寒高远的藏北，离开"生命禁区"，踏上了新的征程，开启了全新的生活。2018 年，西藏自治区党委、政府决定实施极高海拔地区生态搬移规划，涉及那曲、阿里、日喀则 3 个地市的 20 个县 97 个乡镇 450 个村，总人口超过 13 万人，其中 10 万人将被安置在雅鲁藏布江沿岸。经过 2019～2021 年的迁移，达泽错周边地区的人类活动痕迹逐渐减少，为野生动物腾出了充足的空间。

（三） 昂孜错湖泊扩张特征

2000～2020 年面积变化较大的湖泊中，多格错仁强错和多格错仁位于无人区，达泽错位于高海拔生态搬迁区域，三个湖泊的周边地区基本没有人类活动，不适宜研究湖泊扩张对当地牧民生计的影响，色林错已有陈阿江等人[1]进行过研究。因此本文选择昂孜错作为研究对象，分析由气候变化导致的湖泊扩张对牧民生计造成的影响。

昂孜错（北纬 30°52′～31°09′，东经 86°58′～87°20′），位于拉萨西北 460 公里，尼玛县和昂仁县境内，属于市级湖泊，盐碱小湖。昂孜错的流入河较多，河网较发达，有 22 条河流从不同方向流入该湖，河口多沼泽，涉及四个乡。湖水主要来自达扎藏布、江子藏布等河水及冰雪融化补给，昂孜错湖滨地域开阔，水草茂盛，是良好牧场。2000～2020 年，昂孜错一直处于扩张状态（见表 2）。

表 2 2000～2020 年昂孜错湖泊面积扩张情况

单位：km²

	2000～2005 年	2005～2010 年	2010～2015 年	2015～2020 年
湖泊面积扩张	46.44	3.37	17.22	22.90

资料来源：由遥感影像提取。

2000 年、2005 年、2010 年、2015 年、2020 年昂孜错面积分别为 397.02km²、443.46km²、446.83km²、464.05km²、486.95km²，20 年间面积共增加 89.93km²。2000～2005 昂孜错湖泊面积扩张最多，为 46.44km²。昂孜错湖面最低水位 4643m，最高水位 4672m，平均水位 4657.50m。2000 年昂孜错湖面平均水位 4656.50m，2005 年昂孜错湖面平均水位 4656.50m，2010 年昂孜错湖面平均水位 4656.50m，2015 年昂孜错湖面平均水位 4657m，2020 年昂孜错湖面平均水位 4658m。2000～2020 年

---

[1] 陈阿江、王昭、周伟：《气候变化背景下湖平面上升的生计影响与社区响应——以色林错周边村庄为例》，《云南社会科学》2019 年第 2 期。

昂孜错湖泊扩张、湖平面上升淹没的土地主要位于那曲市尼玛县卓尼乡、甲谷乡、吉瓦乡和日喀则市昂仁县贡久布乡，其中淹没面积分别为卓尼乡 20.68km²、甲谷乡 43.98km²、吉瓦乡 7.70km²、贡久布乡 17.57km²，共淹没土地 89.93km²。①

三　昂孜错湖面扩张引起的草场淹没

湖泊是陆地生态系统的重要组成部分，湖泊的萎缩与扩张对周边环境有着不可忽视的影响。全球气候变暖不仅促使海平面上升，而且使以冰川融水为主要来源的内陆湖泊产生湖面扩张现象，尤其是高海拔地区，湖泊对气候的反应更加敏感，湖泊扩张一方面会对水文和大气过程产生影响，另一方面会威胁当地的生态和生活环境。② 我国 80% 的冰川存储在青藏高原，当地的湖泊补给以冰川融水为主要来源之一，③ 因此湖泊水量容易受到气候变化的影响。我国由气候变化引起的湖泊扩张也主要发生在青藏高原。湖泊扩张产生的最直接影响是淹没周边土地，在青藏高原地区尤指草地。湖泊扩张淹没草场有利有害，从短期来看，湖面上升会损失一些草地，但是有助于提高湖区周边的土壤湿度，促进非淹没区植被的生长。但是从长期来看，如果湖面持续扩张，则会导致周边草地大幅减少，还可能毁坏周边的重大工程设施和农牧业生产设施。不仅如此，冰雪融水形成的地表径流会侵蚀草地植被，破坏草地生态环境。青藏高原湖泊大多散布在地势相对平坦的内流湖盆区，湖区周围分布着广泛的草地，是藏区牧民生活、放牧的主要场所。自 2000 年以来，青藏高原湖泊一直处于扩张状态，许多天然草地被淹

---

① 根据遥感影像提取的湖面面积计算得出。
② 朱立平、彭萍、张国庆、乔宝晋、刘翀、杨瑞敏、王君波：《全球变化下青藏高原湖泊在地表水循环中的作用》，《湖泊科学》2020 年第 3 期。
③ 朱立平、张国庆、杨瑞敏、刘翀、阳坤、乔宝晋、韩博平：《青藏高原最近 40 年湖泊变化的主要表现与发展趋势》，《中国科学院院刊》2019 年第 11 期。

没，严重威胁了牧民的生产生活和畜牧业发展，同时深刻影响了周边地区居民的经济社会活动。

气候贫困是由气候变化直接或间接引起的贫困或贫困加剧现象，[①]其中，气候变化的影响分为直接影响和间接影响。直接影响是指气候变化直接作用于人们的生产生活，通常是由极端气候灾害引起的，极端气候灾害可能会损害人们的财产，改变他们的生计方式，并毁坏相关基础设施；间接影响指的是气候变化先作用于人们赖以生存的自然环境，进而对部分社会群体的生计方式产生影响。虽然极端气候灾害的破坏力较大，但它们的出现概率很低，大部分情形下，气候变化是由于一些中介变量的相互作用而对人类生计产生渐变性的负面影响，如严重干旱导致土壤湿度降低，进而影响经济作物的生长。湖泊扩张也是这种间接影响的一种，遵循气候变化到生计变化的演进路线。草场是畜牧业的基础，也是牧民生产生活的场所。如果草场被淹没，可供养殖的牲畜数量将大幅减少，这将对以放牧为主要生产活动的牧民造成严重收入损失，甚至可能导致他们陷入贫困。湖面扩张给牧民造成了严重的经济损失，藏北地区海拔较高，草地以高寒草地为主，质量较差，但沿湖地区海拔相对较低，土层较厚，富含有机质，积温和湿度相对较高，因而沿湖区域草地质量更好，产草量也更高。因此，湖面扩张引起的草地淹没无疑会对当地畜牧业可持续发展带来严重打击。

气候变化背景下湖面扩张最直接的影响为淹没草场，进而限制周边乡镇的社会经济发展。大面积草地被淹没，造成适宜性牧草种类减少，草场产草量和载畜量降低，畜牧设施被破坏，严重影响当地民生和畜牧业可持续发展，由此引发的生态安全问题、民生问题已经凸显。利用遥感数据提取昂孜错湖泊面积边界，叠加藏北植被分布数据和行政区划数据，可获得昂孜错湖面扩张所淹没区域的位置、土地利用类型和面积。结果表明：昂孜错湖面扩张淹没的土地利用类型主要是盐碱地和

---

① 刘长松：《我国气候贫困问题的现状、成因与对策》，《环境经济研究》2019年第4期。

高寒草地，高寒草地类型为高寒草原，总计淹没 70.66km^2。其中，甲谷乡被淹没草地面积最大，为 41.60km^2，占比为 58.87%；其次为卓尼乡，被淹没草地面积为 20.84km^2，占比为 29.49%；吉瓦乡、贡久布乡被淹没草地面积较小，分别 7.75km^2 和 0.47km^2。

随着气候变化的加剧，昂孜错湖面的扩张也带来了一系列负面影响。环昂孜错区域的地下水位随之上升，形成了许多水洼地，这给距离湖泊岸线较远的高寒草地带来了严重危害，导致草地被淹没，毁坏了住房和交通基础设施等。住房方面，地下水位的上涨和冬夏冻融作用，容易使居住在较低处的牧民在夏季遭遇洪水，冬季房屋结冰导致地板、墙体冻裂，严重威胁周边牧民群众的生命安全，因此甲谷乡扎村不得不搬迁，以应对湖水不断上涨的局面。交通方面，在尼玛县 209 省道东侧，湖水上涨可能会导致道路受到严重的侵蚀，甚至有可能淹没部分公路路段，这将严重威胁车辆和行人的安全。潜水位上升还会使地面软化下沉，进而影响交通运输的稳定性。此外，湖区年均蒸发量较高，潜水位上升导致环湖地区部分草场碱化，草场资源衰退，适宜性牧草种类减少，湿润的土壤环境容易诱发病虫害，进而影响牧草质量，降低产草量，严重威胁环湖地区的畜牧业可持续发展；[①] 同时，湖泊水量增加导致蒸发量增加，引起降水量增加，导致洪水、泥石流等自然灾害的发生概率提高。随着湖面的不断扩张，昂孜错 – 马尔下错湿地自然保护区的内核区、缓冲区和外缘区也在不断向外延伸，这可能会导致保护利用的空间错位，从而使得保护措施逐渐失效。因此，在全球气候变化的背景下，需要加强对昂孜错 – 马尔下错湿地自然保护区的监测和研究，以便及时调整保护范围和保护方案。

湖面扩张也会对生态系统碳循环造成一定的影响。湖泊是水生生态系统的重要组成部分，是陆地碳储存、转化、运输的重要场所，其

---

① 杨显明、张鸽、加壮壮、宋欣怡、王晓梅：《全球气候变化背景下青海湖岸线变化及其对社会经济影响》，《高原科学研究》2021 年第 4 期。

中进行着频繁的物质交换，在碳循环中起着重要作用。[①] 研究表明，青藏高原的湖泊二氧化碳交换通量逐渐减少，有着显著的时间差异；进入2021年后，湖泊二氧化碳交换通量明显减少，显著低于2000～2010年和2010～2020年的交换通量；从空间分布上看，二氧化碳交换通量呈现西南高、东北低的布局。[②] 草地在陆地生态系统中的固碳能力仅低于森林，因此湖泊扩张将严重影响湖泊生态系统和沿湖草地生态系统的碳循环，草场淹没无疑会降低沿湖草地生态系统的固碳量，在气候变化日益加剧和频繁的人类活动的影响下，这一问题将更加严重。

湖泊的生产力较高，其面积和深度的改变都会对固碳量产生影响。湖泊存储碳的部分可以分为活动性碳库和永久性碳库，前者指由湖面与大气之间频繁进行的光合作用、细菌降解等能量转换和物质交换活动不断固定和释放的碳，后者指存储在沉积物1m以下的碳，其变化的周期以百年为单位，短时间内是不变的。[③] 湖泊生态系统是大气二氧化碳的来源之一，气候变暖导致湖泊的二氧化碳排放量大大增加，促进了湖泊物质的流动和转换，以及与大气的碳交换过程。同时也有研究表明，气温升高导致高海拔地区的无冰期和融雪期变长，使湖泊的面积扩大、数量增加、含盐量降低，从而促进浮游植物生长、增强湖泊对二氧化碳的吸收能力，湖冰和冻土中的碳也会随融水进入湖泊。[④] 湖泊在夏季和晚秋表现为弱碳汇，湖泊富营养化导致大量浮游生物繁殖，促进了

[①] Morin T., Rey-Sanchez A., Vogel C., Matheny A. and Kenny W., "Carbon Dioxide Emissions from an Oligotrophic Temperate Lake: An Eddy Covariance Approach," *Ecological Engineering*, No. 114, 2018, pp. 25 – 33.

[②] Junjie J., Kun S., Sidan L., Mingxu L., Yafeng W., Guirui Y. and Yang G., "Determining Whether Qinghai-Tibet Plateau Waterbodies Have Acted Like Carbon Sinks or Sources over the Past 20 Years," *Science Bulletin*, Vol. 67, No. 22, 2022, pp. 2345 – 2357.

[③] 杨萍：《巴丹吉林沙漠不同生态系统 CO_2 交换及其影响因素研究》，博士学位论文，兰州大学地理学系，2023年，第21页。

[④] Junjie J., Kun S., Sidan L., Mingxu L., Yafeng W., Guirui Y and Yang G., "Determining Whether Qinghai-Tibet Plateau Waterbodies Have Acted Like Carbon Sinks or Sources over the Past 20 Years," *Science Bulletin*, Vol. 67, No. 22, 2022, pp. 2345 – 2357.

湖泊生产力的提高。还有研究表明，碳酸盐含量是湖泊表现为碳汇的主要原因，盐湖比淡水湖有更大的固碳量。[①] 湖泊表现为碳源还是碳汇受到地质、水文状况、季节等多方面因素的影响。湖泊扩张后草地植被的固碳量减少，但湖泊扩张引起的固碳量变化还需根据地理位置、水文状况进一步量化，在不同的季节，其变化也可能不同。在气候变化的影响下，青藏高原湖泊在陆地生态系统中的碳功能定位正在改变，逐渐从碳源变为碳汇。[②] 因此，进一步研究湖泊扩张引起的固碳量变化及其对生态系统碳库的影响将为沿湖地区应对气候变化产生的影响提供科学依据和数据支持。

四 草场淹没对草地载畜量的影响

草地生态系统的生态承载力可以通过测算载畜量来反映，这一技术指标不仅可以用来定量分析草场资源，而且可以用来评估草场的利用程度。载畜量的概念源于人口承载力在草场管理学中的应用，随着学者们研究的不断深入，它的科学含义也得到了不断完善，从而推动了载畜量研究的发展。[③] 在《中华人民共和国草原法》中，载畜量是指："在一定放牧时期内，一定草原面积上，在不影响草原生产力及保证家畜正常生长发育的条件下，所能容纳放牧的家畜数量。"根据不同的计算依据，载畜量可被分为产量载畜量或营养载畜量，后者的测算结果相对较低，但比前者准确。[④] 草地产量载畜量的估算方法较为简便，因此在无特殊说明的情况下，载畜量多指草地产量载畜量。明确

---

① 姚程、王谦、姜霞、郭轶男、王坤、吴志皓、车霏霏、陈俊伊：《湖泊生态系统碳汇特征及其潜在碳中和价值研究》，《生态学报》2023 年第 3 期。

② 碳源：自然界向大气释放碳的母体。碳汇：自然界中碳的寄存体。

③ 鄢玲艳、孔令桥、张路、欧阳志云、胡金明：《草地生态系统承载力概念、方法及关键问题》，《中国生态农业学报》（中英文）2022 年第 8 期。

④ 杨博、吴建平、杨联、David Kemp、宫旭胤、Taro Takahashi、冯明廷：《中国北方草原草畜代谢能平衡分析与对策研究》，《草业学报》2012 年第 2 期。

淹没草场区域内产草数量、草地质量、利用价值及生产潜力，科学估测淹没草场对草地产量载畜量的影响，以及对当地社会经济产生的影响，有助于提高牧民的生活质量，为气候变化背景下的可持续发展提供有力支撑。

草地载畜量是指在放牧时期内，不危害草地安全的前提下，根据放牧适度原则和保证牲畜良好生长发育的原则，单位面积草场能供养的最大牲畜数量。目前最普遍的计算方法是先获取草场生长季末的产草量，通过草地利用率等系数校正后，除以牲畜的食草量。基本公式为：

草地载畜量 =（单位面积产草量 × 草地利用率）/（家畜日食量 × 放牧天数）。[①]

这一计算方法直观简便，涉及草地产草量、草地利用率、家畜日食量三个指标的获取。

草地生产力是维持草地生态系统平衡的重要因素，不仅影响草地的结构和功能，还是评价草地生产效率的重要依据。[②] 计算草地载畜平衡的关键在于准确测算产草量的多少以及掌握淹没区的产草量特征，以便合理利用草场资源，并有效安排放牧，以解决高原草地载畜系统中牧草供应与牲畜生产的矛盾。高原草地生态系统容易受到外界因素的干扰，脆弱的生态环境使得高原地表环境经常处于临界值或失衡状态，自然环境的变化及人为要素干扰都会对草地生态系统产生巨大影响，从而影响草地生产力。

以可食牧草产量代替总产草量计算载畜量会更加准确，但可食牧草产量的测定太过困难，因此研究多采用总产草量计算。获取总产草量一般有两种途径，一是样地调查法，二是遥感估算法。样地调查法是在研究区内科学合理地设置多个样地，实地测量产草量等相关数据，建立产草量和其他指标的数据库，利用数据库中单位产草量乘以对应的草

---

① 赵哈林：《对我国传统载畜量计算方法的一点异议》，《中国草业科学》1988年第5期。

② 王鹤琪、范高华、黄迎新、周道玮：《中国北方草地生产力研究进展》，《生态科学》2022年第5期。

地面积即可得到总产草量。① 样地调查法虽然能够获取较高精度的资料，但是需要投入大量的物力和人力，而且在区域尺度上也存在较大的局限性，很难从时间和空间上反映草地的变化。遥感估算法具有重复周期短、覆盖范围广、数据源充足、节约成本等优点，获得了众多学者的青睐，利用遥感植被指数建立的光能利用率模型、统计模型、半经验模型、植物生长机理－过程模型等反演模型模拟产草量广泛应用在当前的研究中。遥感反演模型可分为两种：单因素反演模型和多因素反演模型。单因素反演模型只考虑一种植被指数与产草量之间的关系，NDVI是目前应用最广泛的植被指数，② 基于 NDVI 建立的产草量反演模型有较高的精度。③ 也有一些学者研究降水量和产草量的相关性，单因素反演模型的准确性依赖于遥感影像的精度，容易受云、辐射的影响，遥感植被指数的精度也存在一定的误差，建立的模型存在较大的不确定性，存在稳定性差、反演精度低等问题。多因素反演模型可以分为机器学习模型和多元回归模型，是提高模拟精度的重要方法。机器学习模型是目前草地生物量反演研究的热点，也是草地生物量反演研究的发展方向。④近年来，众多学者在提高草地生物量模拟精度方面取得了许多成果，但是当前的估算模型仍然存在一些不足，遥感估算忽略了牧草质量、地形地貌、土壤等自然因素和人类活动影响，没有考虑野生动物啃食以及病虫害导致的牧草损失量。⑤

草地利用率指在充分利用草地而不使其退化的情况下，年产草量

---

① 朴世龙、方精云、贺金生、肖玉：《中国草地植被生物量及其空间分布格局》，《植物生态学报》2004 年第 4 期。

② Yunxiang J. , Xiuchun Y. , Jianjun Q. , Jinya L. , Tian G. , Qiong W. , Fen Z. , Hailong M. , Haida Y. and Bin X. , "Remote Sensing-Based Biomass Estimation and Its Spatio-Temporal Variations in Temperate Grassland, Northern China," *Remote Sensing*, Vol. 16, No. 2, 2014.

③ 除多、普布次仁、德吉央宗、姬秋梅、唐洪：《西藏高原中部草地上生物量遥感估算方法》，《山地学报》2013 年第 6 期。

④ 郭芮、伏帅、侯蒙京、刘洁、苗春丽、孟新月、冯琦胜、贺金生、钱大文、梁天刚：《基于 Sentinel－2 数据的青海门源县天然草地生物量遥感反演研究》，《草业学报》2022 年第 4 期。

⑤ 鄢玲艳、孔令桥、张路、欧阳志云、胡金明：《草地生态系统承载力概念、方法及关键问题》，《中国生态农业学报》（中英文）2022 年第 8 期。

中可供牲畜食用的比例，或在一个放牧周期内，牲畜啃食草地的比率，通常是固定的，不会随着产草量的变化而变化。[1] 草地利用率的确定通常有两种方法：经验估计法和实际测量法。经验估计法成本较低，主要依据以往资料和当地政府、牧民的经验来确定利用率，普遍是采食一半、保留一半。然而研究表明，事实上只有25%的草地供家畜食用，并且经验估计法的应用只适用于湿润草地和一年生草地，对于其他类型的草地，应该因地制宜地采取合适的草地利用率估算方法。[2] 实际测量法中，草地利用率由放牧实验和刈割实验确定，耗费时间较长，且经济成本较高，因此难以推广使用。大部分计算草地利用率的方法是以多年生草地为研究对象，因而不适用于灌丛草地和一年生草地。此外，草地利用率的含义中存在不清晰的表述，通常认为草地利用的计算周期为12个月，但草地生长的开始和结束时间不确定，且忽略了草地的再生情况。许多研究都是以生长季末为结束时间，不是根据全年生长量计算而得，应该称为相对利用率或季节利用率。[3] 本文以中华人民共和国农业行业标准（NY/T635－2015）《天然草地合理载畜量的计算》[4] 为标准，计算得出高寒草原的草地利用率为40%。

不同体型、类型的家畜一天的食草量存在很大区别，为了计算载畜量，常常把不同种类、体型、年龄的牲畜转换为"标准家畜"。中国以羊单位作为标准家畜的计算单位，标准羊日食量通常采用1.8kg标准干草。[5] 通常根据生长季末的最大生物量计算草地产量，但放牧后的草地

① L. P. Hunt, "Safe Pasture Utilisation Rates As a Grazing Management Tool in Extensively Grazed Tropical Savannas of Northern Australia," *The Rangeland Journal*, 2008, pp. 101－144.

② 徐敏云、高立杰、李运起：《草地载畜量研究进展：参数和计算方法》，《草业学报》2014年第4期。

③ 徐敏云、高立杰、李运起：《草地载畜量研究进展：参数和计算方法》，《草业学报》2014年第4期。

④ 中华人民共和国农业部：中华人民共和国农业行业标准（NY/T635－2015）《天然草地合理载畜量的计算》，http://www.doc88.com/p－2137625644771.html。

⑤ 中华人民共和国农业部：中华人民共和国农业行业标准（NY/T635－2015）《天然草地合理载畜量的计算》，http://www.doc88.com/p－2137625644771.html。

仍会继续生长、枯死、凋落，这是生长季末测定法不能反映的，并且在草地利用率、家畜采食量的确定上存在主观性。因此，产量载畜量计算模型存在误差，有时是实际放牧量的 3 倍以上。

2000～2020 年，昂孜错湖泊面积增加 70.66km² （此处为淹没的高寒草原面积）。单位产草量采用石岳等人[①]的研究结果，为 6.15×10^4 kg/km²。羊单位的日食量采用中华人民共和国农业行业标准（NY/T635 - 2015）《天然草地合理载畜量的计算》，为 1.8kg 标准干草。根据草地蓄载量的基本公式，因湖面扩张减少的产草量约为 4.34×10^6 kg，约影响 2645 个羊单位。其中，那曲市甲谷乡受到的影响最大，产草量约减少 2.56×10^6 kg，约影响 1557 个羊单位，卓尼乡产草量约减少 1.28×10^6 kg，约影响 780 个羊单位，吉瓦乡产草量约减少 4.77×10^5 kg，约影响 290 个羊单位，贡久布乡受到的影响最小，产草量约减少 2.91×10^4 kg，约影响 18 个羊单位。

理论上草场淹没会影响 2645 个羊单位，可能会破坏当地的草畜平衡，具体情况还有待进一步调查。高寒草地是高原地区畜牧业发展的物质基础，也是藏区人民生产生活的主要场所，维护好高寒草地生态系统有利于增加牧民的经济收入，保持社会稳定。针对气候变化背景下的草场淹没，政府应采取各种措施应对牧区社会经济发展面临的挑战，如恢复草场集体使用的社区合作制度，既可扩大放牧区域，让牧民灵活安排生产工作，又可改变牧民独自承担风险的局面，将风险分摊到社区，有效缓解湖面扩张带来的负面影响。

五　草地载畜量与牧民生计

生态环境变化与区域经济及牧民生计发展的矛盾是政府面临的难

---

① 石岳、马殷雷、马文红、梁存柱、赵新全、方精云、贺金生：《中国草地的产草量和牧草品质：格局及其与环境因子之间的关系》，《科学通报》2013 年第 3 期。

题。近年来，我国高度重视草地保护，为保证草地生态系统的完整性，实施退牧还草、建立自然保护区等政策，然而湖面扩张导致的草场淹没限制了牧民对当地自然资源的使用，引起其生计资本改变，进而影响其生计策略选择，并形成新的生计方式。当牧民因草场淹没带来的损失超出预期、生计难以持续，环境变化与农户生计的矛盾加剧时，将无法实现双赢。生计是一种谋生手段，包括谋生能力、资产及各项谋生活动。可持续生计意味着生计活动能够应对各种压力和冲击，并能从中恢复、维持甚至增强其能力，同时可为下一代提供可持续的生计机会。① 英国国际发展署提出的可持续生计分析框架（Sustainable Livelihood Analysis Framework，简称 SLA）包含脆弱性背景、生计资本、制度与组织机构、生计策略及生计结果五部分内容。本文从收入水平的角度切入，研究草场淹没对牧民生计造成的影响。

尼玛县地处西藏自治区北部，与日喀则市毗邻，东临双湖县和申扎县，西接改则县，平均海拔超过 4700m，属于高原亚寒带半干旱季风气候和高原寒带干旱气候，空气稀薄，多风雪，年平均气温 −4℃，年平均降水量 150mm。其行政区域面积 7.25 万 km²，辖 1 个镇、13 个乡，共 77 个行政村。县政府驻尼玛镇。截至 2020 年 10 月底，尼玛县常住人口为 33006 人。2019 年，尼玛县生产总值达 90805 万元，并经西藏自治区人民政府研究，准许尼玛县退出贫困县（区）。② 2019～2022 年，尼玛县草场改良规模达 3493 公顷，禁牧和休牧补偿规模达 600 公顷，同时为牧民提供了更多的生态岗位，并在 2021 年设置了 510 名自然草地监管员，以达到草畜均衡和牧民增加收入的双赢局面。③

甲谷乡地处尼玛县西南部，总面积 2014.6km²。截至 2019 年底，甲

---

① 武照亮、曹虎、靳敏：《湿地保护对农户生计结果的影响及作用机制：基于自然保护区问卷调查的实证研究》，《生态与农村环境学报》2021 年第 10 期。

② 《西藏实现全域脱贫摘帽》，中国新闻网，2019 年 12 月 23 日，https://www.chinanews.com.cn/gn/2019/12-23/9040599.shtml。

③ 曲珍、谢伟、万靖：《让绿色成为最美底色——那曲市尼玛县推动生态环境保护走深走实》，西藏头条，2022 年 7 月 13 日，https://toutiao.xzdw.gov.cn/st/202207/t20220713_261288.html。

谷乡户籍人口共 2409 人。1962 年，甲谷乡正式成立，随后在 1988 年撤区并乡时，原甲谷乡、之姆乡和邱措乡的第三村被整合，形成了新的甲谷乡。① 截至 2020 年 6 月，甲谷乡共有 7 个行政村。乡政府驻曲米村。

卓尼乡地处西藏自治区那曲市尼玛县，处于羌塘大湖盆地带，东临卓瓦乡和申亚乡，南望吉瓦乡，西接甲谷乡，北临尼玛镇，地理位置独特。乡政府驻地距尼玛县城 123km。截至 2019 年末，卓尼乡户籍人口 2041 人。1962 年，卓尼乡正式成立。1988 年，原卓尼乡和玛夏乡的 4 个村合并组建了新的卓尼乡。截至 2020 年 6 月，卓尼乡共辖 6 个行政村。乡政府驻格玛村。2011 年，卓尼乡牧民人均纯收入达到了 4493 元，大大提升了当地的经济发展水平。2013 年，卓尼乡牲畜存栏 69756 头（只、匹），人均收入 5400 元。

藏北牧民家庭收入方式呈多样化，主要包括：（1）经营性收入，主要来源于家畜的出栏、酥油和奶渣的售卖；（2）工资性收入，来源于外出务工或本地务工所获得的报酬；（3）财产性收入，来源于土地流转、入股分红等；（4）转移性收入，来源于草场补贴、生态工作机会、社会保障补助和养老金补助等。牧民的经营性收入占总收入的 40% 以上，② 因此，草场淹没使草地载畜量降低，会直接影响牧民收入。一个羊单位按 1500 元计算，③ 草场淹没 70.66km² （此处指淹没的高寒草原面积），预计影响 2645 个羊单位，因此减少收入 396.75 万元。其中，甲谷乡受到的影响最大，收入减少约 233.55 万元，卓尼乡收入减少约 117 万元，吉瓦乡收入减少约 43.50 万元，贡久布乡受到的影响最小。根据《西藏统计年鉴》，西藏地区 2020 年农村居民人均可支配收入为 14598 元，而那曲市的农村居民人均可支配收入则到达了 13651

---

① 中华人民共和国民政部：《中华人民共和国政区大典·西藏自治区卷》，北京：中国社会出版社，2019 年。

② 陈功、沈振西、钟志明：《西藏自治区当雄县龙仁乡牧户草畜供求及经济状况分析》，《畜牧与饲料科学》2019 年第 12 期。

③ 李建伟、罗志娜、张生楹、范天文：《尼勒克县不同草地类草原 5 年载畜量的变化及经济效益分析》，《中国草食动物科学》2021 年第 3 期。

元，由此可以推算，昂孜错草场淹没会导致约271人的经济收入受到严重影响，其中甲谷乡约171人，占甲谷乡总人口的7%左右，卓尼乡约86人，占卓尼乡总人口的4%左右。因此，气候变化导致湖泊扩张造成的草场淹没，会严重影响当地的社会经济发展。本文从收入水平的角度阐述草场淹没对牧民生计的影响，然而可持续生计分析框架（SLA）中的生计结果是一个综合性概念，包含收入水平、幸福感、发展能力等不同维度，因此未来可采用综合性指标来评估草场淹没对牧民生计的影响。

牧业是尼玛县的基础产业，也是最大的产业，其经营方式以股份制牧业、联营牧业、合同牧业和订单牧业为主，针对贫困户还发展了帮扶牧业的模式。1994年，尼玛县畜牧业发展开始走向规模经营，到2004年，全县设立了数十个生产经营点，联营牧业和帮扶牧业的经营模式基本形成。1996年，甲谷乡的7户贫困牧民自发进行联营生产，建立了尼玛县的帮扶牧业模式，之后在本村富裕牧民的帮扶下，牧业发展规模不断扩大，提高了牧民的经济收入并且因此脱贫。尼玛镇十一村以及申亚乡嘎青村的发展模式为联营牧业，促进畜牧业发展的同时也带动了加工业和第三产业的发展。甲谷乡一村为帮扶牧业、四村为股份制牧业。无论采用何种模式，牧民都是通过资产入股、牲畜入股和草场入股的形式参与集体经营，所获利润按照入股多少和劳动比例分成。白绒山羊产业在尼玛县的经济发展中占有重要地位，白绒山羊高效养殖技术示范课题和畜牧良种补贴白绒山羊种羊推广等项目的落地有效推广了白绒山羊种羊的养殖，提高了优质白绒山羊的覆盖率，涌现了许多科技示范户和乡村示范点。不仅如此，相关部门已经开始通过引种筛选推广适合高寒牧区的优质牧草品种，探索人工种草模式，从单户几亩地、联户几十亩地的人工种草到合作社、养殖大户的"适度规模"人工种草，最后到几千亩甚至几万亩的机械化种草模式，提高了牧草总量，有效缓解了草地压力和草畜矛盾。气候变化背景下湖面扩张引起草场淹没对当地经济造成了一定的影响，需探索新的牧业经营方式。

湖泊扩张引起草场淹没给牧民造成了损失,还可以通过补偿机制保障牧民生活。一是加快建立依法分类补偿机制。湖面扩张淹没承包草场属于自然灾害。为了有效地解决草场淹没的问题,可以根据实际情况对牧民进行分类补偿,对新一轮(2021~2025年)的草原生态保护补助奖励资金政策进行优化,将季节性淹没的草场从草畜平衡区调整为禁牧区,同时,自然资源主管部门也应根据第三次全国国土调查结果,积极向国家申请纳入退牧还湿项目补助范围,以期获得有效的解决方案,从而有效保护草原生态环境。二是积极探索多途径补偿方式。一方面,积极争取国家和省政府支持,增设藏北湖泊生态管护公益岗位,将湖水淹没草场牧民吸纳为生态管护员,以增加其工资性收入。同时,与地方政府协商,使公益性岗位向草场淹没区群众倾斜,带动沿岸牧民群众增收。另一方面,探索建立永久性淹没区牧民退牧还湖长效补偿机制,积极向国家争取补偿资金,确保淹没区群众生产生活稳定。为了更好地应对气候变化,新的集体经济组织应当出现,以提高牧民的适应能力。这表明,在气候变化和草场管理制度改革的背景下,牧民可以通过建立新的集体经济组织来增强自身应对气候危机的能力,从而更好地适应气候变化。湖泊扩张对牧民生计的影响还需进一步实地调查。

六 结论

全球变暖导致高原地区降水变化和冰川加速消融等是藏北典型湖泊群湖面扩张的主要原因。本文基于 Landsat 遥感影像提取并分析了藏北高原 200km^2 以上湖泊的变化,发现 2010~2020 年藏北高原湖泊总体上呈扩张趋势,面积变化最大的是多格错仁强错,面积增长达到114.63%,多格错仁、达泽错和昂孜错的面积也都有显著增加。多格错仁和多格错仁强错位于无人区,达泽错所处区县实施了极高海拔地区的生态搬迁政策,湖泊扩张对周边社会产生的影响可忽略不计。因此,本文选择昂孜错作为研究对象,主要结论如下。

其一，昂孜错湖面扩张破坏了当地的自然地理和人文环境。湖面扩张改变了周边地区的水资源条件，淹没了牧草质量最好的区域，压缩了牧民的生产生活空间。2000～2020年，昂孜错湖面扩张89.93km²，淹没草场的草地类型为高寒草原，淹没草场面积70.66km²，受影响最严重的是甲谷乡和卓尼乡。

其二，昂孜错湖面扩张影响了当地的社会经济发展，对当地牧民生计造成了一些负面影响。草场淹没影响了草地生产力，进而影响了草地载畜量。因昂孜错湖面扩张减少的产草量约为4.34×10^6kg，产量载畜量约减少2645个羊单位，减少收入396.75万元，影响当地约271人的经济收入。

其三，本研究构建了"气候变化－湖面扩张－草场淹没－生计资本（草地载畜量）－生计结果（收入水平）"的分析框架，阐明气候变化背景下湖面扩张引起草场淹没对当地经济造成的影响，需探索新的牧业经营方式，增强牧民应对气候变化的能力，减轻气候变化带来的社会经济影响。

气候变化对河中岛居民的社会经济影响及其适应策略

——以孟加拉国戈伊班达县为例

〔孟加拉国〕Babul Hossain（著）　　程鹏立（译）*

摘　要：孟加拉国被认为是气候变化导致自然灾害风险最大的国家之一。特别是河中岛居民面临着持续的气候事件，这使他们更加脆弱。本研究旨在评估气候变化对河中岛居民的社会经济影响、他们的适应策略以及面临的挑战。本研究采取定性和定量相结合的研究方法，收集了孟加拉国戈伊班达县河中岛上298户家庭的数据并进行分析。结果表明，河中岛居民认为洪水频率的增加、河岸侵蚀和干旱的严重程度以及疾病暴发的增加是气候变化的最重要指标，这与观测数据一致。本研究还发现，面对气候变化引发的极端洪水灾害，如2017年发生的洪水灾害，所有家庭都面临巨大的不确定性。这场灾难的关键影响包括脆弱的社会纽带、教育中断、人口贩运、住房破坏、牲畜和作物损失、大规模失业以及生活水平倒退。为了应对这些灾害，河中岛居民采取了多种适应策略，包括在洪水发生前、发生中和发生后的三项特别举措，以改变他们的生活方式来应对气候变化带来的洪水灾害。然而，教育设施不足、缺乏有关气候变化的有用信息、通信中断和投资短缺仍然是适应策略可持续的重大障碍。研究结果强调了评估当地气候变化脆弱性的价值，并强调了针对特定地区的当地活动和政策的必要性，以降低脆弱性

---

*　Babul Hossain，河海大学管理科学与工程学院、河海大学环境与社会研究中心博士后，研究方向为环境社会学；程鹏立，重庆工商大学法学与社会学学院、社会学西部研究基地副教授，研究方向为环境社会学等。

并增强岛上家庭和社区的适应能力。

关键词：气候变化 洪灾 生活和生计；恢复力 河中岛

一 导言

气候变化给 21 世纪带来了重大挑战，[①] 特别是对那些极易受到自然灾害和极端天气影响的发展中国家。[②] 气候变化以多种方式呈现，包括温度、降水模式和恶劣天气指标的变化，这些变化严重影响全球经济、社会和政治活动[③]以及人们的生活方式。[④] 文献表明，发展中国家更容易受到气候变化的影响，[⑤] 孟加拉国也不例外。其独特的地理位置、动荡的社会经济环境、不断膨胀的人口、极端贫困以及缺乏先进的经济和技术基础设施，使其特别脆弱。据统计预测，到 2050 年和 2100 年，孟加拉国的海平面将分别上升约 25 厘米和 1 米，将使 3300 万人和 4300 万人无家可归。[⑥] 孟加拉国的平均气温也在逐渐上升，预计到 2030 年和 2050 年，气温将分别上升 1.0℃ 和 1.4℃。[⑦] 孟加拉国频繁发生洪

[①] Mst. Suriya Tajrin and Babul Hossain, "The Socio-Economic Impact Due to Cyclone Aila in the Coastal Zone of Bangladesh," *International Journal of Law*, *Humanities & Social Science*, Vol. 1, No. 6, 2017, pp. 60 – 67.

[②] IPCC, "Fifth Assessment Synthesis Report, Intergovernmental Panel on Climate Change, Geneva," 2014, https://www.ipcc.ch/.

[③] Magnus Bergquist, Andreas Nilsson and P. Wesley Schultz, "Experiencing A Severe Weather Event Increases Concern about Climate Change," *Frontiers in Psychology*, Vol. 10, February, 2019, pp. 1 – 6.

[④] Babul Hossain, Crispin Magige Ryakitimbo and Md. Salman Sohel, "Climate Change Induced Human Displacement in Bangladesh: A Case Study of Flood in 2017 in Char in Gaibandha District," *Asian Research Journal of Arts & Social Sciences*, Vol. 10, No. 1, 2020, pp. 47 – 60.

[⑤] IPCC, "Fifth Assessment Synthesis Report, Intergovernmental Panel on Climate Change, Geneva,", 2014, https://www.ipcc.ch/.

[⑥] Shah Md Atiqul Haq and Khandaker Jafor Ahmed, "Does the Perception of Climate Change Vary with the Socio-Demographic Dimensions? A Study on Vulnerable Populations in Bangladesh," *Natural Hazards*, Vol. 85, No. 3, 2017, pp. 1759 – 1785.

[⑦] IPCC, "Fifth Assessment Synthesis Report, Intergovernmental Panel on Climate Change, Geneva," 2014, https://www.ipcc.ch/.

水、气旋、山体滑坡、干旱等极端灾害事件，被列为世界第五脆弱国家。① 这导致人们越来越担心生活和生计，因此为了满足当地适应气候变化影响需求的政策设计和实施至关重要。②

本研究主要关注孟加拉国被称为查尔的河中岛。该岛是最容易受到气候变化影响的地方之一，因为它靠近经常发生洪水的河流。③ 河中岛是孟加拉国最易受灾的地区之一，气候变化的影响提高了洪水灾害发生的可能。洪水是这个地方每年都会发生的一种常见的自然现象。每年都有大量的人受到洪水灾害的影响，他们失去家人、亲人和全部财产。2017 年 8 月 12 日，包括河中岛在内的孟加拉国发生了严重的河流洪水灾害，创下了高水位记录。灾害管理和救济部（MDMR）表示，这次洪水是至少 40 年来最严重的一次。④ 暴雨以及印度上游山区的来水，导致孟加拉国北部多条河流的水位上升，河谷地区被淹没。结果，河中岛居民受到了严重影响。除了数百万人受到生命威胁外，作物受损、通信和教育中断、健康问题、粮食问题、饮用水危机和大规模流离失所使他们在洪水易发地区的处境更加艰难。⑤

河中岛居民或多或少形成了一些适应策略，以应对气候变化引发的

① Md Rejaur Rahman and Habibah Lateh, "Climate Change in Bangladesh: A Spatio-Temporal Analysis and Simulation of Recent Temperature and Rainfall Data Using GIS and Time Series Analysis Model," *Theoretical and Applied Climatology*, Vol. 128, No. 1 – 2, 2017, pp. 27 – 41.

② Joanne Catherine Jordan, "Swimming Alone? The Role of Social Capital in Enhancing Local Resilience to Climate Stress: A Case Study from Bangladesh," *Climate and Development*, Vol. 7, No 2, 2015, pp. 110 – 123.

③ Babul Hossain et al., "Impact of Climate Change on Human Health: Evidence from Riverine Island Dwellers of Bangladesh," *International Journal of Environmental Health Research*, Vol. 32, 2021, pp. 2359 – 2375.

④ Sjoukje Philip et al., "Attributing the 2017 Bangladesh Floods from Meteorological and Hydrological Perspectives," *Hydrology and Earth System Sciences Discussions*, 2018, pp. 1 – 32.

⑤ NIRAPAD, "Flood Situation Updated on August 22, 2017," August, 2017, pp. 1 – 12, https://reliefweb. int/sites/reliefweb. int/files/resources/Situation_Report of Flood _Updated on August_22% 2C 2017. pdf.

洪水造成的社会经济问题。适应策略因地区、文化而异。① 特定情况下的具体适应策略在灾区更有效。② 适应策略是根据人们的技术、社会、环境、经济和物质资源的现状而制定的。③ 由于河中岛居民的生活方式和恢复力高度依赖于农业相关工作，所以他们是气候变化负面影响的最大受害者。④ 因此，适应策略对于贫困地区农村居民应对不断变化的气候影响至关重要。⑤ 然而，如果不彻底了解气候变化的影响以及河中岛居民的适应策略，制定旨在增强应对气候变化有害影响能力的方法可能不会奏效。⑥

已经有大量研究评估了气候变化及其相关自然灾害的影响、当地居民的脆弱性和适应策略。⑦⑧⑨⑩⑪ 然而，大多数研究都集中在气候变

---

① Imran Khan et al., "'Farm Households' Risk Perception, Attitude and Adaptation Strategies in Dealing with Climate Change: Promise and Perils from Rural Pakistan," *Land Use Policy*, Vol. 91, 2020, pp. 1 – 11.

② Benjamin Y. Ofori et al., "Influence of Adaptive Capacity on the Outcome of Climate Change Vulnerability Assessment," *Scientific Reports*, Vol. 7, No. 1, 2017, pp. 1 – 12.

③ Trinh Quang Thoai et al., "'Determinants of Farmers' Adaptation to Climate Change in Agricultural Production in the Central Region of Vietnam," *Land Use Policy*, Vol. 70, 2018, pp. 224 – 231.

④ Endah Saptutyningsih, Diswandi Diswandi and Wanggi Jaung, "Does Social Capital Matter in Climate Change Adaptation? A Lesson from Agricultural Sector in Yogyakarta, Indonesia," *Land Use Policy*, Vol. 95, 2020, pp. 1 – 5.

⑤ C. J. Randall and R. Van Woesik, "Contemporary White-Band Disease in Caribbean Corals Driven by Climate Change," *Nature Climate Change*, Vol. 5, No. 4, 2015, pp. 375 – 379.

⑥ Zhicheng Wang and Kun Tang, "Combating COVID – 19: Health Equity Matters," *Nature Medicine*, Vol. 26, No. 4, 2020, p. 458.

⑦ G. M. Monirul Alam, "Livelihood Cycle and Vulnerability of Rural Households to Climate Change and Hazards in Bangladesh," *Environmental Management*, Vol. 59, No. 5, 2017, pp. 777 – 791.

⑧ Hossain, Ryakitimbo and Sohel, "Climate Change Induced Human Displacement in Bangladesh: A Case Study of Flood in 2017 in Char in Gaibandha District," *Asian Research Journal of Arts & Social Sciences*, Vol. 10, No. 1, 2020, pp. 47 – 60.

⑨ Maxmillan Martin et al., "Climate-Related Migration in Rural Bangladesh: A Behavioural Model," *Population and Environment*, Vol. 36, No. 1, 2014, pp. 85 – 110.

⑩ Nazirul Islam Sarker, Min Wu and G. M. Monirul Alam, "Livelihood Vulnerability of Riverine-Island Dwellers in the Face of Natural Disasters in Bangladesh," *Sustainability*, Vol. 23, No. 6, 2019, pp. 1 – 23.

⑪ Anjum Tasnuva, Riad Hossain and Roquia Salam, "Employing Social Vulnerability Index to Assess Household Social Vulnerability of Natural Hazards: An Evidence from Southwest Coastal Bangladesh," *Environment, Development and Sustainability*, Vol. 23, No. 7, 2021, pp. 10223 – 10245.

化的生物物理和环境部分，气候变化和地方适应策略的社会经济影响尚未得到很好的研究，特别是在家庭、农村地区等领域。另外，关于影响和适应的研究主要在国家层面进行，很少在地方层面进行。有必要进行更多的研究，来搞清楚气候变化敏感性的社会决定因素，以及影响人们应对和管理气候变化的局部影响的潜在社会经济因素。分析地方层面的影响和适应对于制定政策措施至关重要，这些措施可以满足当地的独特需求，避免国家层面对气候变化评估的一刀切式的政策。

此外，我们不能忽视社会、政治和环境因素的复杂相互作用，这些因素会影响人们对气候变化的敏感性、产生影响的严重性，以及为应对这些影响而采取的一系列应对或适应方法。例如，Seiler 认为，仅仅通过量化生物物理影响无法理解人类应对气候变化的脆弱性，并强调了研究气候变化脆弱性的其他方面（例如社会脆弱性）的重要性。[①] IPCC 还强调了地方层面适应研究的重要性和必要性，并强调了大多数地方团体是如何制定当地居民适应策略的。社区可以利用这些做法来提高其恢复力。[②]

文献表明，综合生态和社会因素的气候变化相关研究已经展开。[③] 关于

---

① Roberto Seiler, "Social Methods for Assessing Agricultural Producers' Vulnerability to Climate Variability and Change Based on the Notion of Sustainability Social Methods for Assessing Agricultural Producers' Vulnerability to Climate Variability," 2005.

② IPCC, "Fifth Assessment Synthesis Report, Intergovernmental Panel on Climate Change, Geneva," 2014, https://www.ipcc.ch/.

③ Verere S. Balogun and Andrew G. Onokerhoraye, "Climate Change Vulnerability Mapping Across Ecological Zones in Delta State, Niger Delta Region of Nigeria," *Climate Services*, Vol. 27, 2022, pp. 1 – 16; Sarah Kehler and S. Jeff Birchall, "Social Vulnerability and Climate Change Adaptation: The Critical Importance of Moving Beyond Technocratic Policy Approaches," *Environmental Science and Policy*, Vol. 124, 2021, pp. 471 – 77; Davood Mafi-gholami et al., "Fuzzy-Based Vulnerability Assessment of Coupled Social-Ecological Systems to Multiple Environmental Hazards and Climate Change," *Journal of Environmental Management*, Vol. 299, 2021, pp. 1 – 14.

孟加拉国气候变化引发的洪水灾害影响的一些研究已经发表。[①] 气候变化引发的洪水灾害大多发生在孟加拉国东南部和北部沿海地区。然而，对孟加拉国河中岛地区的此类灾害的社会经济影响或宏观适应策略的研究还十分鲜见。因此，本研究旨在回答以下问题：（1）气候变化引发的洪水灾害对孟加拉国河中岛居民的社会经济影响是什么；（2）河中岛居民有哪些策略来应对巨大的影响，及其面临的障碍是什么。本研究主要关注戈伊班达县两个乡由气候变化造成的洪水灾害的社会经济影响，来识别岛民为应对气候变化而制定的适应策略及其障碍。最后，文章举例说明了政策制定者、发展规划者和其他利益相关方如何通过在孟加拉国实施与气候变化相关的政策和计划来满足农村弱势群体的需求。

二 孟加拉国气候变化概况

孟加拉国的气候变化是一个重要问题，因为该国是最容易受到气候变化影响的国家之一。[②] 德国观察（Germanwatch）发布的《全球气候风险指数2020》把孟加拉国排在1999~2018年受气候灾害影响较严重的国家中的第七名。孟加拉国易受气候变化影响是由其地理和社会经济因素共同造成的。从地理位置来看，该国平坦、低洼和三角洲暴露

---

① Balogun and Onokerhoraye, "Climate Change Vulnerability Mapping Across Ecological Zones in Delta State, Niger Delta Region of Nigeria," *Climate Services*, Vol. 27, 2021; Roy Brouwer et al., "Socioeconomic Vulnerability and Adaptation to Environmental Risk: A Case Study of Climate Change and Flooding in Bangladesh," *Risk Analysis*, Vol. 27, No. 2, 2007, pp. 313 – 326; Tanvir H. Dewan, "Societal Impacts and Vulnerability to Floods in Bangladesh and Nepal," *Weather and Climate Extremes*, Vol. 7, 2015, pp. 36 – 42; Jahid Ebn et al., "Heliyon Does Climate Change Stimulate Household Vulnerability and Income Diversity? Evidence from Southern Coastal Region of Bangladesh," *Heliyon*, Vol. 7, 2021, pp. 1 – 12; Shah Fahad et al., "An Assessment of Rural Household Vulnerability and Resilience in Natural Hazards: Evidence from Flood Prone Areas," *Environment, Development and Sustainability*, Vol. 24, No. 3, 2022, pp. 1 – 17.

② Kehler and Birchall, "Social Vulnerability and Climate Change Adaptation: The Critical Importance of Moving Beyond Technocratic Policy Approaches," *Environmental Science and Policy*, Vol. 124, 2021, pp. 471 – 477.

的地形使其易受气候变化影响，而社会经济发展水平、高人口密度、贫困水平和对农业的依赖加剧了其脆弱性。① 该国的脆弱性因频繁发生的自然灾害、缺乏基础设施、高人口密度（1.66 亿人生活在 147570 平方公里的地区）、榨取式经济发展方式和社会差距而进一步加剧。② 气旋、洪水和河岸侵蚀每年都在影响孟加拉国越来越多的地区，导致社会经济和环境系统几乎崩溃，阻碍了该国的发展。③ 气候条件的变化预计会增加自然灾害的频率和强度，如降水量增加、海平面上升和热带气旋等，这将严重影响农业发展、水和粮食安全、人类健康和住房保障（见图 1、图 2、图 3 和图 4）。

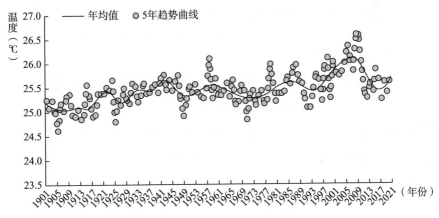

图 1　1901～2021 年孟加拉国年平均温度

资料来源：World Bank，"Climate Risk Country Profile，" 2021，https：//climate-knowledgeportal. worldbank. org/country/bangladesh/vulnerability。

---

① Babul Hossain, Md. Salman Sohel and Crispin Magige Ryakitimbo, "Climate Change Induced Extreme Flood Disaster in Bangladesh: Implications on People's Livelihoods in the Char Village and Their Coping Mechanisms," *Progress in Disaster Science*, Vol. 6, 2020, pp. 1–9.

② Alam, "Livelihood Cycle and Vulnerability of Rural Households to Climate Change and Hazards in Bangladesh," *Environmental Management*, Vol. 59, No. 5, 2017, pp. 777–791.

③ Brouwer et al., "Socioeconomic Vulnerability and Adaptation to Environmental Risk: A Case Study of Climate Change and Flooding in Bangladesh," *Risk Analysis*, Vol. 27, No. 2, 2007, pp. 313–326.

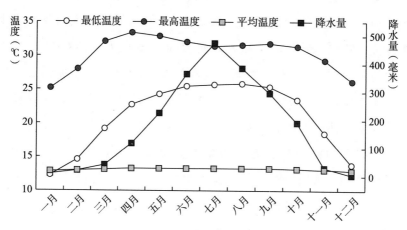

图2　1991～2020年孟加拉国月度最低温度、平均温度、最高温度和降水量

资料来源：World Bank，"Climate Risk Country Profile，" 2021，https://climate-knowledgeportal. worldbank. org/country/bangladesh/vulnerability。

孟加拉国因其易受气候变化影响，特别是易受自然灾害影响而闻名。值得一提的是，该国的地理位置使其很容易受到三条大河的影响，导致大规模洪水的发生。这三条大河分别是布拉马普特拉河、恒河和梅克纳河，以及它们的众多支流。[①] 从史前时代起，孟加拉国每十年就面临多次自然灾害，但由于气候变化，灾害的强度有所提高。[②] 该国几乎每年都会发生洪水、暴风雨和山体滑坡等自然灾害（见图3）。孟加拉国面临着世界上最严重的灾害风险，根据《2019年信息风险指数》，孟加拉国在191个国家中排名第22。孟加拉国极易遭受洪水（世界排名第1）、热带气旋（排名第19）和干旱（排名第47）及其相关危害影响。孟加拉国的灾害风险也受到其社会脆弱性的驱动。孟加拉国的脆弱

① Babul Hossain，Chen Ajiang and Crispin Magige Ryakitimbo，"Responses to Flood Disaster：Use of Indigenous Knowledge and Adaptation Strategies in Char Village，Bangladesh，" *Environmental Management and Sustainable Development*，Vol. 8，No. 4，2019，p. 46.

② Tajrin and Hossain，"The Socio-Economic Impact Due to Cyclone Aila in the Coastal Zone of Bangladesh，" *International Journal of Law，Humanities & Social Science*，Vol. 1，No. 6，2017，pp. 60 – 67.

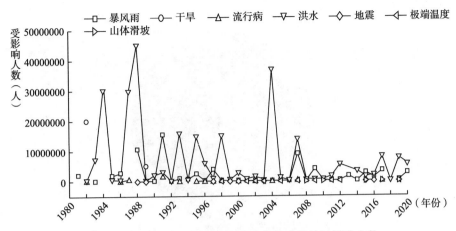

图 3 1980~2020 年孟加拉国主要自然灾害的受影响人数

资料来源：World Bank，"Climate Risk Country Profile," https://climateknowl-edgeportal.worldbank.org/country/bangladesh/vulnerability。

性排名（第 37）是由其社会经济剥夺程度高造成的。[①]

孟加拉国的沿海和河中岛地区更容易受到自然灾害的影响。每年都有数百万人受到自然灾害的严重影响。在 1980~2020 年，孟加拉国发生了 129 次气旋和 81 次洪水，并受到其他自然灾害，包括流行病、干旱和极端温度等的影响（见图 4）。

全球变暖也威胁了作为孟加拉国经济支柱的农业。[②] 每年，诸如"锡德"和"艾拉"热带气旋等自然灾害都会对孟加拉国的农业产生有害影响，并影响该国的每个角落。[③] 然而，孟加拉国缺乏充足资源来应对这些灾难，因此局面逐渐失控。孟加拉国的河中岛地区和生活在那里

---

① Tajrin and Hossain, "The Socio-Economic Impact Due to Cyclone Aila in the Coastal Zone of Bangladesh," *International Journal of Law*, *Humanities & Social Science*, Vol. 1, No. 6, 2017, pp. 60 – 67.

② Tajrin and Hossain, "The Socio-Economic Impact Due to Cyclone Aila in the Coastal Zone of Bangladesh," *International Journal of Law*, *Humanities & Social Science*, Vol. 1, No. 6, 2017, pp. 60 – 67.

③ M. Rezaul Islam and Mehedi Hasan, "Climate-Induced Human Displacement: A Case Study of Cyclone Aila in the South-West Coastal Region of Bangladesh," *Natural Hazards*, Vol. 81, No. 2, 2016, pp. 1051 – 1071.

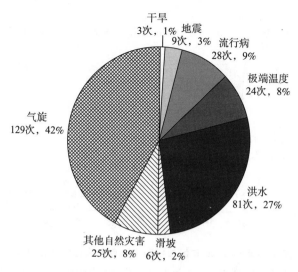

图4　1980~2020年孟加拉国自然灾害发生情况

资料来源：World Bank，"Climate Risk Country Profile，" https：//climateknowl-edgeportal. worldbank. org/country/bangladesh/vulnerability。

的人们受到气候变化及其相关自然灾害的严重影响。[1] 他们正在失去池塘、湖泊、水坝和森林，生活和生计方式遭受重大冲击。[2] 由于气候灾害，鱼类等物种正在消失。专家们注意到，包括鱼类、植物和牲畜在内的54类物种已经消失。[3] 孟加拉国的大多数人生活在农村地区，这些对他们非常不利。根据水资源开发委员会的数据，他们已经开发了总计11000公里的堤坝，在气旋"锡德"和"艾拉"发生期间，洪水破坏了其中的约250公里。[4]

---

[1]　Babul Hossain et al.，"Impact of Climate Change on Human Health：Evidence from Riverine Island Dwellers of Bangladesh，" *International Journal of Environmental Health Research*，Vol. 32，2021，pp. 2359 – 2375.

[2]　Md. Nazirul Islam Sarker，Min Wu，G. M. Monirul Alam and Roger C. Shouse，"Livelihood Vulnerability of Riverine-Island Dwellers in the Face of Natural Disasters in Bangladesh，" *Sustainability*，Vol. 11，No. 6，2019，pp. 1 – 23.

[3]　Tajrin and Hossain，"The Socio-Economic Impact Due to Cyclone Aila in the Coastal Zone of Bangladesh，" *International Journal of Law*，*Humanities & Social Science*，Vol. 1，No. 6，2017，pp. 60 – 67.

[4]　Bangladesh Water Development Board（BWDB），*Rehabilitation of BWDB Infrastructures Damaged by Cyclone Aila in Coastal Area*，2015，pp. 1 – 68，https：//bwdb. gov. bd/on October 2022.

总的来说，孟加拉国的气候变化状况是一个重大问题，需要政策制定者、社区和个人采取紧急行动并给予关注。需要努力减少温室气体排放，加强适应措施，促进解决气候变化根源问题的可持续发展实践。

三　资料及方法

本研究采用了定性和定量相结合的方法，具体采用了问卷调查法和访谈法。此外，在数据收集之前，对二手资料进行了详尽的文献审查。

（一）　研究区域概述

孟加拉国的自然系统在很大程度上是由其河流系统决定的。帕德玛河、贾木纳河、布拉马普特拉河和梅克纳河及其众多支流流经该国，形成了复杂的水道网络。沿着这些河流，人们可以找到河中岛，这些岛屿是四面被水包围的小块土地。这些岛屿，也被称为查尔，是由河流的自然侵蚀和沉积作用形成的。它们位于与大陆隔绝的河床中间。虽然一些河中岛靠近大陆，但大多数河中岛距离大陆非常遥远。生活在这些河中岛上的人们被称为河中岛居民。他们构成了孟加拉国独特的社区，其文化和生活方式是由对河流的依赖程度决定的。由于交通不便和连通性较弱，公共服务提供商等忽视了向河中岛居民提供服务。河中岛居民主要是穷人和边缘群体，他们生活在不稳定的条件下，无法获得清洁水、卫生和医疗保健等基本服务，并且工作机会较少、教育设施不足。他们的房子通常是用竹子和茅草建造的，很容易受到洪水袭击。这些都使他们在应对气候变化产生的影响时缺乏抵抗力。[①] 在全球范围内，大

---

① Hossain, Ryakitimbo and Sohel, "Climate Change Induced Human Displacement in Bangladesh: A Case Study of Flood in 2017 in Char in Gaibandha District," *Asian Research Journal of Arts & Social Sciences*, Vol. 10, No. 1, 2020, pp. 47–60.

约10%的人口生活在河中岛上。[1] 孟加拉国有近56个大岛和226个小岛，面积近7200平方公里。[2] 河中岛最容易受到反复发生的洪水、河岸侵蚀和气候变化带来的其他灾害的影响，因而这些地区的居民极为脆弱。贾木纳河作为一条大河有许多河中岛，占孟加拉国河中岛总量的45%。[3] 据估计，孟加拉国4%~5%的人口生活在河中岛地区，其中65%的人口居住在贾木纳河的众多河中岛上。[4]

（二）研究设计

本研究的调查区域选择为戈伊班达县，采用多阶段区域抽样方法来选择随后的行政单位和最终的抽样单位。通过查阅文献、政府报告、报纸、专家意见和非政府组织文件，根据受灾人员、死亡人数、伤亡和损失的严重程度，有目的地选择了孟加拉国戈伊班达县下辖的两个乡，即富尔乔里和沙哈达。

（三）抽样及数据采集

本研究采用了定性和定量相结合的方法，采用面对面的问卷调查来获得定量数据。与之相对，定性数据是通过焦点小组讨论、关键人物访谈和在受气候灾害影响最严重的村庄参与观察而得到的。本研究还使用了从各种期刊、专著和机构网站收集的二手数据。此外，本研究还对20名河中岛居民进行了试调查，以检验调查问卷内容的合适性，剔除了其中多余的和没有价值的内容。因此，研究人员组织了两组结构化

---

[1] Ilan Kelman and Shabana Khan, "Progressive Climate Change and Disasters: Island Perspectives," *Natural Hazards*, Vol. 69, No. 1, 2013, pp. 1131 - 1136, https://doi.org/10.1007/s11069 - 013 - 0721 - z.

[2] Banglapedia, "Char," 2014, https://www.banglapedia.org/.

[3] Bangladesh Bureau of Statistics (BBS), *Statistical Yearbook of Bangladesh*, Dhaka, Bangladesh, 2012, pp. 1 - 468, http://www.bbs.gov.bd/on 16 October 2022.

[4] M. K. Kelly and Chowdhury, "Poverty, Disasters and the Environment in Bangladesh: A Quantitative and Qualitative Assessment of Causal Linkages," *Bangladesh Issues Paper*, *UK Department for International Development*, Dhaka, 2002, pp. 1 - 161.

访谈程序，分别有封闭式和开放式问题，以收集本研究所需的数据。一开始，研究者使用简单随机抽样方法从 4 个选定村庄（共 1332 户）中选出受访者。在当地的文化中，几乎所有家庭都是男性当家做主，因此受访者几乎都是一家之主，他们对自己的家庭事务几乎全部掌握。

本研究使用以下统计公式来确定具有代表性的样本量。[①]

$$n = \frac{z^2 \times p \times q \times N}{e^2 (N-1) + z^2 \times p \times q} = 298$$

其中，n = 样本量，N = 家庭总数，z = 置信水平（95% 概率 = 1.96），p = 估计人口比例（0.5，这使样本量最大化），$q = 1 - p$，e = 5% 的误差极限（0.05）。

（四） 数据分析技术

在积累了各种类型的数据后，我们根据研究目标，使用 SPSS 和 Excel 软件对定量数据进行了分析。对孟加拉国河中岛居民的生计问题、对气候变化的适应策略及其障碍进行了单变量和双变量分析。我们通过文本和文献分析对定性数据进行了分析。此外，我们对图表进行了分类，以使读者更好地理解相关数据。最后，根据参与观察、一手和二手数据分析，以及对关键人物的访谈，对结果进行了解释。

（五） 气候变化感知的测量及指标

气候变化感知数据是使用与 18 个气候事件相关的四点量表从受访者那里收集的。量表从"无感知"到"高感知"，"低感知"和"中等感知"介于下限和上限之间。为了便于检查，我们按升序为每个感知量表分配了值，例如 0 表示无感知，1 表示低感知，2 表示中等感知，3 表示高感知。

---

① William G. Cochran, *Sampling Techniques*, *Therapeutic Drug Monitoring and Toxicology by Liquid Chromatography*, Routledge, 2017, pp. 1 – 512.

气候变化感知指数（CCPI）改编自 Sarker 等人，[1] 并在本研究中用于衡量气候变化对孟加拉国河中岛地区的影响。该指数是按四分制计算的。CCPI 被用来调查河中岛居民对气候变化的看法。调查对象被要求就 18 条关于气候变化的评论发表自己的看法。为了实现这一目标，使用以下公式来测量气候变化感知得分（CCPS）。

$$CCPS = CCPn \times 0 + CCPl \times 1 + CCPm \times 2 + CCPh \times 3$$

其中，$CCPn$ = 无感知的河中岛居民人数，$CCPl$ = 低感知的河中岛居民人数，$CCPm$ = 中感知的河中岛居民人数，$CCPh$ = 高感知的河中岛居民人数。

因为有 298 户居民对调查做出了回应，所以每个指定属性的气候变化感知得分可能在 0 ~ 894 分，0 分代表最低感知，894 分代表最高感知。使用以下公式，将获得的气候变化感知得分转换为标准气候变化感知指数（SCCPI）。

$$SCCPI = \frac{计算的\ CCPS}{可能的最高\ CCPS} \times 100$$

其中，$SCCPI$ = 标准气候变化感知指数，计算的 $CCPS$ = 根据气候变化影响指标计算的气候变化感知得分，可能的最高 $CCPS$ = 针对气候变化影响所有指标的可能总分。

标准气候变化感知指数的应用是为了更深入地了解气候变化的影响。标准气候变化感知指数的数值可能在 1 ~ 100。0 表示对气候变化影响没有感知，100 表示对气候变化影响感知最高。

（六） 气候变化影响的测量方法及居民的适应实践

本研究收集了受访者的数据，以测量气候变化引发的自然灾害，特

---

[1] Sarker, Md Nazirul Islam et al., "Life in Riverine Islands in Bangladesh: Local Adaptation Strategies of Climate Vulnerable Riverine Island Dwellers for Livelihood Resilience," *Land and Use Policy*, Vol. 94, No. 5, 2020, p. 104574.

别是洪水灾害对河中岛居民的社会经济影响。本研究侧重测量社会和经济两个维度，以理解气候变化的影响，并测量了这两个维度下的几个指标，以理解其影响严重程度。本研究还采用了低、中、高三个尺度来衡量气候变化对河中岛居民生活方式的影响。

本研究把河中岛居民的适应策略分为灾前、灾中和灾后三个时期。具体使用了35个变量来分析河中岛居民应对气候变化影响的适应策略。本研究根据家庭收入模式，使用低、中、高三个尺度来衡量河中岛居民为最大限度降低气候变化的社会经济影响而采取的适应策略。此外，本研究还呈现了两种适应策略，即个体水平适应（ILA）和计划适应（PA）。河中岛居民采用这两种适应策略来缓解气候变化的影响。[①]

四　结果和讨论

本研究的主要发现将从五个方面来进行介绍：一是介绍河中岛居民的人口学概况；二是描述河中岛居民对气候变化的看法；三是分析气候变化对河中岛居民的社会经济影响；四是展示河中岛居民采取的适应策略；五是分析居民采取适应策略面临的障碍。

（一）受访者的人口学概况

本部分的主要目的是了解研究区域内受访者的人口学概况。为了获得受访者的详细信息，本研究考虑了受访者的社会经济地位，主要涉及他们的年龄、性别、教育、职业、家庭规模、土地所有权和家庭月收入等指标（见表1）。

---

① Hossain et al. , "Impact of Climate Change on Human Health: Evidence from Riverine Island Dwellers of Bangladesh," *International Journal of Environmental Health Research*, Vol. 32, 2021, pp. 2359－2375.

表1 受访者的人口概况

特征	标记系统	分类	受访者		平均数	标准差
			人数	百分比		
年龄	岁	青年人（<31）	135	45.30	34.1	15.94
		中年人（31~50）	111	37.25		
		老年人（>50）	52	17.45		
性别	编码	男性（1）	283	94.97	1.1	0.2
		女性（2）	15	5.03		
教育	受教育年限	文盲（0）	201	67.45	1.46	2.70
		小学（1~5）	75	25.17		
		中学（6~10）	14	4.70		
		中学以上（>10）	8	2.68		
职业	编码	日工（1）	164	55.03	1.9	1.3
		农业（2）	81	27.18		
		小生意（3）	21	7.05		
		服务业（4）	7	2.35		
		渔业（5）	14	4.70		
		其他（6）	11	3.69		
家庭规模	数量	小（<5）	180	60.40	3.60	2.09
		中（5~6）	92	30.87		
		大（>6）	26	8.72		
土地所有权	亩	无	121	40.60	0.89	1.18
		0.01~0.99	74	24.83		
		1.00~1.99	63	21.14		
		2.00~2.99	19	6.38		
		3.00~3.99	13	4.36		
		4.00~4.99	3	1.01		
		≥5.00亩	5	1.68		
家庭月收入	塔卡	低（<5000）	192	68.43	4697.99	3217.7
		中（5000~10000）	81	27.18		
		高（>10000）	25	8.39		

资料来源：田野调查。

研究结果显示，在被调查村庄的受访者中，94.97%为男性，5.03%

为女性，其中45.30%为30岁及以下的青年人，37.25%和17.45%分别为中年人和老年人。与全国教育水平相比，被调查村庄的教育水平非常低。[①] 67.45%的受访者是文盲，25.17%、4.70%和2.68%的受访者依次是小学、中学和中学以上教育水平。55.03%和27.18%的被调查者从事日工（按日计酬的散工）和农业，而7.05%、2.35%、4.70%和3.69%的受访者分别从事小生意、服务业、渔业和其他工作。表1还显示，60.40%的受访者家庭规模较小，30.87%和8.72%的受访者家庭规模分别为中等和较大。此外，观察结果表明，河中岛的卫生设施水平较低，大多数卫生设施都是带石板的kutcha[②]。拥有pucca[③]和半pucca卫生设施的家庭很少。饮用水设施方面，受访者通常通过管井收集饮用水，其中受访者的饮用水源分别是自己和邻居的管井。约四成（40.60%）受访者没有土地，其余的受访者有耕地或居住用地。68.43%的受访者家庭月收入较低，27.18%的受访者家庭月收入中等，只有8.39%的受访者家庭月收入较高。

（二） 河中岛居民气候变化感知

气候变化感知的测量是一个复杂的过程，受到社会、文化、环境和人口等变量的影响。[④] 感知是一种概念建构，而居民对气候变化的感知非常明显，因为他们可以分辨可观察到的现实世界威胁，例如气候变化，并对这些风险有直观判断。[⑤] 许多研究表明，气候变化对全球人类

---

① Bangladesh Bureau of Statistics （BBS）, *Bangladesh Statistics*, 2016, pp. 1 – 73, http://www. bbs. gov. bd/on 16 October 2022.

② kutcha 是一个用来描述用泥、茅草或竹子等非永久性或临时材料建造的建筑或结构的术语。这些类型的建筑或结构通常出现在农村或欠发达地区，那里获得更耐用的建筑材料的机会有限。

③ pucca 是一种永久、耐用、全覆盖的结构，由砖、混凝土或其他耐用材料制成。

④ Susan L. Cutter, "Vulnerability to Hazards," *Progress in Human Geography*, Vol. 20, No. 4, 1996, pp. 529 – 39.

⑤ Zobaer Ahmed et al., "Climate Change Risk Perceptions and Agricultural Adaptation Strategies in Vulnerable Riverine Char Islands of Bangladesh," *Land Use Policy*, Vol. 103, 2021, pp. 1 – 10.

生活方式都产生了深远的影响，尤其是对孟加拉国等发展中国家。[①] 此外，面对气候变化引发的灾难，河中岛居民是最脆弱的。[②] 因此，本研究试图调查河中岛居民对气候变化的看法。我们使用气候变化感知得分和标准气候变化感知指数来计算河中岛居民对气候变化影响的看法（见表2）。一些研究人员已经使用了同样的方法来评估河中岛居民对气候变化的感知。[③④]

表2　河中岛居民的气候变化感知情况

序号	变量	高感知	中等感知	低感知	无感知	气候变化感知得分	标准气候变化感知指数	排名
1	洪水发生频率提高	270	18	10	0	856	84.92	1
2	河岸侵蚀的严重程度	255	33	10	0	841	83.43	2
3	降水强度增加	215	67	10	6	789	78.27	3
4	严重干旱	226	43	19	10	783	77.67	4
5	疾病暴发	225	43	19	11	780	77.38	5
6	气温升高（夏季）	188	96	7	7	763	75.69	6
7	大雾	210	51	28	9	760	75.39	7
8	冬季持续时间短	187	68	20	23	717	71.13	8
9	极端气温（冬天）	190	49	32	27	700	69.44	9
10	雨季延长	204	15	52	27	694	68.84	10
11	夏季持续时间长	158	59	50	31	642	63.69	11

[①] Babul Hossain, Md. Salman Sohel and Crispin Magige Ryakitimbo, "Climate Change Induced Extreme Flood Disaster in Bangladesh: Implications on People's Livelihoods in the Char Village and Their Coping Mechanisms," *Progress in Disaster Science*, Vol. 6, 2020, pp. 1 – 9.

[②] B. Menne, V. Murray and World Health Organization, *Floods in the WHO European Region: Health Effects and Their Prevention*, World Health Organization, Regional Office for Europe, 2013, pp. 1 – 46, https://apps. who. int/iris/handle/10665/108625 on December 2022.

[③] M. G. R. Akanda and M. S. Howlader, "'Coastal Farmers' Perception of Climate Change Effects on Agriculture at Galachipa Upazila under Patuakhali District of Bangladesh," *Global Journals of Science Frontier Research: Agriculture and Veterinary*, Vol. 15, No. 4, 2015, pp. 31 – 39.

[④] Babul Hossain, Guoqing Shi and Chen Ajiang, "Climate Change Induced Human Displacement in Bangladesh: Implications on the Livelihood of Displaced Riverine Island Dwellers and Their Adaptation Strategies," *Frontiers in Psychology*, October, 2022, pp. 1 – 17.

序号	变量	高感知	中等感知	低感知	无感知	气候变化感知得分	标准气候变化感知指数	排名
12	粮食短缺加剧	142	52	88	16	618	61.31	12
13	破坏土壤生产力和肥力	149	43	57	49	590	58.53	13
14	土壤沙化加剧	144	52	43	59	579	57.44	14
15	积水情况加剧	120	57	67	54	541	53.67	15
16	作物产量下降	139	38	43	78	536	53.17	16
17	安全饮用水短缺	99	85	51	63	518	51.39	17
18	频繁的气旋	43	101	106	48	437	43.35	18

资料来源：田野调查。

表2显示了河中岛居民对气候变化的感知，并根据气候变化感知得分和标准气候变化感知指数对变量进行了描述。气候变化感知得分范围从437到856，这表明由于气候变化的影响，河中岛居民非常脆弱。因此，很明显，就像很多研究记录的那样，河中岛居民是最主要的受害者，因为他们经常面临气候变化的有害影响。[1] 而标准气候变化感知指数在43.35到84.92之间，且大多数河中岛居民的标准气候变化感知指数都较高，这表明了河中岛居民在气候变化下的实际生活情景。此外，气候变化的影响极大地改变了他们的生活方式，反复发生的气候灾难对他们的生活和生计造成了严重影响。这是导致被调查村庄出现生活和生计问题以及严重次生问题的主要原因。

为方便读者理解，计算出来的分数和指数是按等级顺序排列的。标准气候变化感知指数表明，气候变化对孟加拉国河中岛地区造成的最大影响是大规模定期的洪水灾害、河岸侵蚀、降水量增加、严重干旱、疾病暴发等。NASA POWER 的观测数据和计算结果与河中岛居民的看法大

---

[1] Tajrin and Hossain, "The Socio-Economic Impact Due to Cyclone Aila in the Coastal Zone of Bangladesh," *International Journal of Law, Humanities & Social Science*, Vol. 1, No. 6, 2017, pp. 60 – 67; Ivy Blackmore et al., "The Impact of Seasonality and Climate Variability on Livelihood Security in the Ecuadorian Andes," *Climate Risk Management*, Vol. 32, 2021, pp. 1 – 15.

致相似（见图5、图6）。

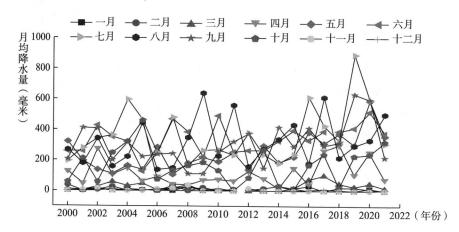

图5 2000～2021年孟加拉国戈伊班达尔地区的月均降水量情况

数据来源：NASA POWER。

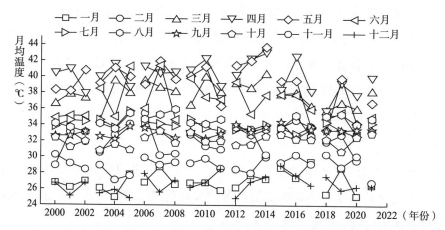

图6 2000～2021孟加拉国盖班达月平均气温情况

资料来源：NASA POWER。

（三）气候变化对河中岛居民的社会经济影响

气候变化引发洪水造成的损失和破坏取决于受影响村庄的位置以及洪水发生的时间。① 由于孟加拉国约80%的地区是洪泛平原，其中河

---

① M. Q. Zaman, "The Social and Political Context of Adjustment to Riverbank Erosion Hazard and Population Resettlement in Bangladesh," *Human Organization*, Vol. 48, No. 3, 1989, pp. 196 - 205.

中岛地区最容易受到频繁发生的洪水的影响。人们持续面临洪水，尤其是在季风季节。[①] 有时，河中岛居民面临非常严重的洪水，并面临巨大的损失。洪水摧毁了物理基础设施和田地，并给人们带来了巨大的动荡。洪水过后，许多村民几乎在一夜之间变得贫穷。[②] 访谈显示，只有一小部分家庭能够抢救牲畜和一些有价值的家庭用品等资源。大多数家庭成员只能保命。2000～2021 年，这种情况在调查区域反复发生。事实上，这取决于洪水特征，即洪水高度、洪水持续时间和发生频率。事实证明，长时间的洪水比洪水高度造成的后果更严重，如果洪水在该地区长时间滞留，破坏程度会更加严重。[③] 焦点小组讨论表明，该地区的社会经济脆弱，大多数居民生活在贫困线以下，这就是为什么他们在洪水灾害中最脆弱的原因。缺乏足够的资源、脆弱的住房环境、无法获得食物、糟糕的卫生设施，以及缺乏可用的饮用水，是造成河中岛地区严重损失的主要因素。

根据焦点小组讨论的说法，2017 年，洪水严重影响了调查区域的教育设施，导致所有教育机构关闭，课程和考试取消。洪水发生前，根据天气预报结果，教育官员和学校委员会暂停了课程和活动。洪水对包括厕所和图书馆在内的教育设施造成了严重破坏，学校家具、电器、设备、教材和重要文件等要么受损，要么被洪水冲走。表 3 显示，63.43% 和30.87% 的受访者认为教育机构因洪水灾害而受到高等、中等程度的破坏。关键人物访谈结果表明，洪水后的教育活动被推迟，许多失去生计家庭的学生面临经济困难而辍学。辍学的孩子经常通过喂牛、做童工和

① Hossain, Sohel and Ryakitimbo, "Climate Change Induced Extreme Flood Disaster in Bangladesh: Implications on People's Livelihoods in the Char Village and Their Coping Mechanisms," *Progress in Disaster Science*, Vol. 6, 2020, pp. 1 - 9.

② M. Rezaul Islam, "Climate Change, Natural Disasters and Socioeconomic Livelihood Vulnerabilities: Migration Decision Among the Char Land People in Bangladesh," *Social Indicators Research*, Vol. 136, No. 2, 2018, pp. 575 - 593.

③ Hossain, Ajiang and Ryakitimbo, "Responses to Flood Disaster: Use of Indigenous Knowledge and Adaptation Strategies in Char Village, Bangladesh," *Environmental Management and Sustainable Development*, Vol. 8, No. 4, 2019, p. 46.

帮助耕种农田来支持父母。

表3 河中岛居民对气候变化引发的洪水灾害影响的感知

维度	指标	主要影响描述	测量范围（%）		
			低	中	高
社会	教育	反复发生的洪水影响了河中岛地区的整个学校系统，因此，教育机构无法正常运作	5.70	30.87	63.43
	当地社区关系和社会纽带	人们生活在偏远地区，沟通不畅，社交网络很薄弱。此外，频繁的洪水使家庭成员和亲属流离失所	10.40	32.55	57.05
	政府支持	与洪水等极端事件有关，政府援助和服务经常中断	4.36	34.23	61.41
	人口贩运和恐怖主义	洪水期间，河中岛地区白天和晚上都会发生一些恐怖活动，如抢劫家庭用品和贩卖儿童	30.54	61.41	8.05
	健康	频繁的洪水给家庭成员带来了各种健康问题，并影响了医疗、食品供应等	21.81	44.30	33.89
经济	房屋损失和毁坏	河中岛地区的洪水和河岸侵蚀，使家庭面临严重的房屋损失和破坏	27.52	29.19	43.29
	作物和生产损失	洪水和河岸侵蚀，使河中岛居民家庭在每个季节或多或少都会面临作物歉收的问题	—	45.97	54.03
	牲畜损失	由于极端的洪水灾害，家庭面临巨大的牲畜损失	12.75	50.67	36.58
	职业和收入损失	由于缺乏创收活动和频繁的气候灾害导致的失业，河中岛居民家庭每年都面临困难	—	61.41	38.59
	卫生和饮用水问题	频繁的洪水影响了河中岛居民家庭的卫生和饮用水设施	12.42	61.41	26.17
	能源	洪水带来的极端水流不断扰乱河中岛地区电力设施的正常运行	19.80	32.55	47.65

数据来源：田野调查。

当地社区关系和社会纽带对于通过采取整合举措来应对任何压倒性的局势至关重要。[①] 然而，由于居住偏远和通信条件差，当地居民薄

---

① Colin H. Davidson et al. , "Truths and Myths about Community Participation in Post-Disaster Housing Projects," *Habitat International*, Vol. 31, No. 1, 2007, pp. 100 – 115.

弱的社交网络阻碍了这种凝聚力的形成。① 此外，频繁发生的洪水使家庭成员流离失所，削弱了社会联系。② 在本调查中，超过一半的受访者（57.05%）认为2017年洪水在社会凝聚力方面引发了当地社会关系和社会纽带高等程度的问题。此外，适当的政府支持对于应对气候变化引发的自然灾害造成的各种复杂情况也至关重要。但是，如果受影响的人在面临这种情况时得不到便利设施，那么这将成为他们面对的巨大障碍。表3显示，大多数受访者（中等34.23%，高等61.41%）声称，由于通信中断、缺乏可用资源等原因，他们在2017年洪灾期间没有得到政府的适当支持。

洪水易发地区的家庭面临自然和人为的问题，包括人口贩运等，这使他们很脆弱。在洪水发生期间，家庭努力应对洪水造成的破坏，并面临恐怖主义带来的安全问题。据报道，2017年洪水期间，河中岛地区发生了恐怖活动，在人少的地方避难的家庭可能会遭遇风险。在洪水灾害期间和之后，妇女和儿童特别容易受到人口贩运的影响，一些人利用混乱绑架儿童。一名受访者称，他们在2017年的洪水中在高堤上避难时失去了孩子。与此相关，表3显示，大多数受访者在2017年的洪水期间对此感到有风险。

表3显示，大多数受访者都认为，由于2017年气候变化引发的洪水灾害，他们面临严重的健康问题。在受访者中，33.89%的人认为他们在洪水期间面临高等程度的健康问题，44.30%的人面临中等程度的健康问题，21.81%的人面临低等程度的健康问题。从关键人物访谈、焦点小组访谈和观察来看，孟加拉国的洪水对人们的健康产生了重大

① Michaela Hynie, "The Social Determinants of Refugee Mental Health in the Post-Migration Context: A Critical Review," *Canadian Journal of Psychiatry*, Vol. 63, No. 5, 2018, pp. 297–303; Alice Nikuze et al., "Livelihood Impacts of Displacement and Resettlement on Informal Households: A Case Study from Kigali, Rwanda," *Habitat International*, Vol. 86, 2019, pp. 38–47.
② Babul Hossain et al., "Impact of Climate Change on Human Health: Evidence from Riverine Island Dwellers of Bangladesh," *International Journal of Environmental Health Research*, Vol. 32, 2021, pp. 2359–2375.

影响，腹泻、感冒、发烧和皮疹等传播类疾病很常见。疟疾和登革热也严重威胁孟加拉国河中岛居民的健康，因为他们缺乏足够的医疗设施。由于基本保健服务匮乏，儿童和老年人尤其容易受到影响。洪水期间，医疗设施变得有限，拥挤的避难所很难开展疾病控制活动。洪水也对孕妇的健康产生负面影响，因为她们很难获得适当的医疗护理。洪水是全球最致命的灾害之一，许多人由于各种原因——包括疾病、溺水和蛇咬伤等——死去。① 心理健康也是一个问题，许多人因洪水而遭受心理创伤。谈到这件事，一位在社会组织工作的医生分享了他的经验：

> 受洪水影响的人们不仅面临身体健康问题，心理健康问题也成为他们面临的主要问题。这一问题在女性中尤为严重，因为女性往往更认真地对待这类灾难。自去年以来，我一直在为受洪灾影响的人工作。我发现来自河中岛地区的受灾者因没有受过教育和贫穷而不知道创伤后应激障碍（PTSD）的致命后果。这些人经常向社会上的其他人隐瞒自己的挣扎，因为他们认为，如果别人知道自己的心理健康问题，就没有人愿意娶自己的女儿或妹妹了。他们认为，这些问题是由一些神秘的影响引起的，比如"杜松子酒"（基因）。如果将受影响的人带到所谓的"卡比拉杰"或宗教从业者那里，他们往往使事情变得更加复杂。因此，家庭遭受了巨大的痛苦。（65号受访者）

住房是人类的基本需求，代表着生计、健康、教育、安全和社会经济地位。② 在孟加拉国的河中岛村庄，大多数房屋都是用脆弱的材料建

---

① Abu Reza Md. Towfiqul Islam et al., "Attitudes and Behaviors toward Snakes in the Snake Charmer Community: A Case from Northern Bangladesh," *Environment, Development and Sustainability*, Vol. 25, No. 2, 2023, pp. 1–21.

② Sultan Barakat, "Housing Reconstruction after Conflict and Disaster," *Network Paper*, No. 43, 2003, pp. 1–46.

造的，而且位于低洼处，在洪水期间很容易遭到破坏。洪水灾害期间的住房损失可能导致暂时或永久的无家可归，以及家庭用品、牲畜和农作物等的长期损失。2017 年孟加拉国的洪水对大陆和河中岛土地造成了严重的破坏，河中岛居民比大陆洪水多发地区的居民遭受的损失更大。表 3 显示，由于 2017 年的洪水灾害，超四成（43.29%）的受访者面临高等程度的房屋损失和毁坏。此外，27.52% 和 29.19% 的受访者面临低等和中等程度的房屋损失和毁坏。图 7 描述了房屋损失和毁坏的情况。

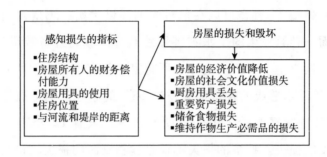

图 7   房屋损失和毁坏情况

资料来源：田野调查。

农业是河中岛村庄农民的主要生计来源。[①] 拥有中等规模土地的农民在季风季节种植秋收作物，产量高，可供消费和销售。早春作物虽然利润更高，但需要更多的投资、劳动力和灌溉，也更容易受到洪水的破坏，这使其成为许多农民的风险选择。拥有少量土地的农民通常种植早春作物供家庭消费。高产种子可以增加作物产量和农民收入，但盐分和污水入侵会破坏作物和鱼类的生存环境，导致作物和生产损失。地理位置在洪水对农业造成的影响程度中起着重要作用，高海拔地区的农民受到的影响较少。然而，在洪水期间，并非所有农民都面临相同的生产损失。为了描述洪水灾害，乡里的一名农业官员表达了以下观点：

---

① Md Nazirul Islam Sarker et al. , "Livelihood Diversification in Rural Bangladesh：Patterns and De-terminants in Disaster Prone Riverine Islands," *Land Use Policy*, Vol. 96, 2020, pp. 1 – 11.

我们农业的一个劣势是，自孟加拉国成立以来，我们一直在经历洪水，但我们未能引入抵御洪水的多样性作物。在这种情况下，其他国家领先于我们，我们甚至没有试图从他们的研究工作中受益。（2号关键人物访谈）

表3显示，受访者认为，在2017年的洪水灾害中，他们遭受了中等（45.97%）和高等（54.03%）程度的作物和生产损失。

畜牧业是孟加拉国农业的重要组成部分，以山羊、鸡、鸭、水牛和奶牛为主要类型。[①] 牲畜可以在危机时期提供牛奶、鸡蛋、肉类和财政支持。然而，频繁发生的洪水灾害导致调查区域的牲畜数量迅速减少。在一次田野调查中，我们发现几乎所有家庭都有牲畜，但所有家庭都经历了2017年洪水造成的牲畜损失，36.58%的家庭遭受了高等程度的损失，50.67%的家庭遭受了中等程度的损失，只有12.75%的家庭遭受了低等程度的损失。牲畜的损失不仅是食物资源的损失，也是收入和天然肥料来源的损失。特别是以妇女为主的家庭，很容易失去小牲畜，因为她们可能无法在洪水期间进行救援。

职业和收入是这些地区贫困的重要指标，洪水经常导致失业和收入损失。[②] 穷人应对这种损失的能力有限，他们的职业在很大程度上取决于洪水灾害的发生频率、持续时间和规模。这些地区的居民大多以农业为生，包括作物种植、畜牧业、水果种植和鱼类养殖等。然而，洪水会使农业活动遇到困难。表3显示，61.41%和38.59%的受访者表示，由于气候变化导致的2017年极端洪水，他们的职业和收入受到了中等、高等程度的影响。田野调查显示，洪水对农业经营造

---

① M. Rezaul Islam, "Water, Sanitation and Hygiene Practices among Disaster-Affected Char Land People: Bangladesh Experience," *Natural Hazards*, Vol. 107, No. 2, 2021, pp. 1167 – 1190.

② Babul Hossain, Guoqing Shi and Chen Ajiang, "Climate Change Induced Human Displacement in Bangladesh: Implications on the Livelihood of Displaced Riverine Island Dwellers and Their Adaptation Strategies," *Frontiers in Psychology*, 2022, pp. 1 – 17.

成了严重破坏，导致许多人失业。日工也受到影响，因为他们大多从事与农场相关的工作。此外，小企业主因设备和货物受损而遭受损失。因此，在紧急时期，人们面临着失去生计的风险，并在获得基本需求方面面临挑战（见图8）。

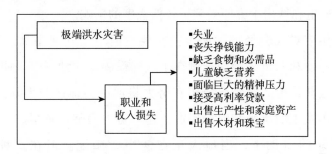

图8　极端洪灾导致失去职业和收入的后果
资料来源：田野研究。

在河中岛村庄，传统上家庭一般不使用混凝土建造的厕所，造成了露天排便问题。[①] 然而，有年轻女孩的家庭建造了以泥浆和波纹镀锌铁板[②]为材料的厕所或 Kaisha[③] 厕所。最近，政府和非政府组织启动了建造以混凝土为材料的厕所的项目。[④] 2017 年的洪水严重影响了卫生设施，几乎损坏了所有家庭的厕所。[⑤] 此外，研究发现，调查区域的家庭依靠管井、钻孔和池塘获得饮用水。然而，在洪水期间，水污染使人们很难获得纯净水。当发生高水位洪水时，人们无法从管井中收集纯净饮用水，钻孔和池塘等其他水源也被洪水淹没，严重影响了人们的生活，

① M. Rezaul Islam，"Climate Change, Natural Disasters and Socioeconomic Livelihood Vulnerabilities: Migration Decision Among the Char Land People in Bangladesh," *Social Indicators Research*, Vol. 136, No. 2, 2018, pp. 575 – 593.

② 波纹镀锌铁板也被称为波纹钢板或波纹钢金属。

③ Kaisha 是一种在孟加拉国河中岛地区发现的稻草的名字，因可用于建造各种家庭建筑而非常受欢迎。

④ Md. Nazirul Islam Sarker et al., "Livelihood Vulnerability of Riverine-Island Dwellers in the Face of Natural Disasters in Bangladesh," *Sustainability* (*Switzerland*), Vol. 11, No. 6, 2019, pp. 1 – 23.

⑤ Philip et al., "Attributing the 2017 Bangladesh Floods from Meteorological and Hydrological Perspectives," *Hydrology and Earth System Sciences*, Vol. 23, No. 3, 2019, pp. 1409 – 1429.

并使他们遭受水传播类疾病的折磨。一些受访者表示，他们使用净化药片或煮沸水来获得纯净饮用水，而另一些人则从不同的组织获得了缓解。尽管如此，一些人仍然被迫饮用不安全的水。调查结果表明，26.17%和61.41%的家庭面临高等、中等程度的卫生和饮用水问题，只有12.42%的家庭在卫生和饮用水方面受到了较低程度的影响。

电力供应对社会经济发展至关重要，但生活在河中岛地区的人们由于交通不便和与世隔绝而被剥夺了这一设施。实地观察表明，所有受访者都无法获得电。尽管政府正在努力将河中岛地区与大陆连接起来，但由于每年发生的洪水和河岸侵蚀，这一努力面临严重阻碍。在政府和非政府组织的帮助下，当地人正在使用太阳能。但在这种情况下，32.55%和47.65%的受访者认为2017年洪水灾害期间他们的能源如电力设施受到了中等、高等程度的破坏。

（四）河中岛居民对社会经济韧性的宏观适应和调整策略

面对气候变化的影响，需要在不同层面上进行物理和环境方面的适应，以促进形成可行的生活和生计方式。① 河中岛居民面临气候变化及其相关灾害造成的巨大复杂性。在这种情况下，脆弱的居民通常会制定几种适应策略，以应对气候变化引发的洪水灾害。

表4说明了河中岛居民在面对气候变化带来的洪水灾害时的适应策略。受访者主要采用了三种主要举措：洪水前的准备、缓解和预防，洪水中的应急管理和响应，以及洪水后的重建和恢复计划。此外，根据这三类举措，他们还运用了若干适应方法。所有的策略都是由以经验和知识为基础的个人层面适应、政府和非政府组织支持的计划层面适应所

---

① W. Neil Adger, Nigel W. Arnell and Emma L. Tompkins, "Successful Adaptation to Climate Change across Scales," *Global Environmental Change*, Vol. 15, No. 2, 2005, pp. 77 – 86; Hans Martin Fussel, "Assessing Adaptation to the Health Risks of Climate Change: What Guidance Can Existing Frameworks Provide?" *International Journal of Environmental Health Research*, Vol. 18, No. 1, 2008, pp. 37 – 63.

推动的。[①]

表4 调查村庄家庭应对气候变化导致洪灾采取的适应策略

举措（气候变化引发的自然灾害）	适应方法	回答占比（%）	家庭收入分类			适应类型
			低	中	高	
洪水前（准备、缓解和预防）	预警演习	70.81	√√√	√√√	√√√	PA/ILA
	经常咨询推广官员	33.89	√√	√√	√	PA
	参加气候变化培训	26.17	√√	√√	√√	PA
	重新开挖渠道	41.28	√√√	√√	√√	PA
	补充食物储备	49.33	√	√√	√√√	ILA/PA
	牲畜保护	50.67	√√	√√	√	ILA
	作物和种子保存	38.93	–	√√	√√	ILA/PA
	水资源保护	32.55	√	√√	√√	ILA/PA
	使用有机肥	88.93	√√√	√√	√√	ILA/PA
	资产转移	58.72	√	√√	√√	ILA/PA
	漂浮花园	31.54	–	√√	√√	ILA/PA
	植树	59.40	√√	√√	√√	ILA/PA
	高地种植	38.93		√	√√	ILA
	防浪墙	21.14		√	√√	ILA/PA
洪水中（应急管理和响应）	避难	67.45	√√√	√√	√	ILA/PA
	救援行动	19.13	√√√	√√√	√√√	PA
	收集救急食品、经济援助信息和必要辅助物品	88.93	√√√	√√√	√√√	PA/ILA
	使用急救药物和卫生设施	63.09	√√√	√√√	√√√	PA/ILA
	纯净饮用水和药品的收集	54.03	–	√√	√√√	PA/ILA
	改变饮食习惯和减少食物消耗	91.28	√√√	√√√	√√√	ILA/PA
	更换职业	89.60	√√√	√√√	√√	ILA
	改变运输方式	100.00	√√√	√√√	√√√	ILA
	改变种植和收割时间	55.37	√	√√	√√	ILA/PA
	种植叶菜以覆盖墙壁和屋顶	90.27	√√√	√√√	√√√	ILA

---

① G. M. Monirul Alam, Khorshed Alam and Shahbaz Mushtaq, "Climate Change Perceptions and Local Adaptation Strategies of Hazard-Prone Rural Households in Bangladesh," *Climate Risk Management*, No. 17, 2017, pp. 52 – 63.

续表

举措 （气候变化引发 的自然灾害）	适应方法	回答占 比（%）	家庭收入分类			适应 类型
			低	中	高	
洪水后 （重建和恢复 计划）	接受贷款（非政府组织、放高 利贷者、亲属和邻居）	96.64	√√√	√√√	√	ILA/PA
	住房便利设施（政府和非政府 组织）	24.16	√√√	√√√	√	PA
	接受创收活动服务	17.11	√√√	√√√	√	PA
	作物多样化策略	76.52	√	√√	√√√	ILA/PA
	非农就业（成为面包车、人力 车、nachimon、korimon 和 tem- po① 的司机）	59.06	√√√	√√√	√	ILA/PA
	季节性迁徙	74.16	√√√	√√√	-	ILA
	接受治疗（政府医院、赤脚医 生）	100.00	√√√	√√√	√√	ILA
	发展家庭园艺和畜牧业	79.87	√√√	√√√	√√√	ILA/PA
	农用地转变	15.77	√√√	√√√	√√	ILA/PA
	网箱水产养殖	31.21	√√	√√	√√	ILA/PA
	接受基础设施重建和开发福利 设施	15.10	√√	√√	√	PA

注：√√√ = 高度普及，√√ = 中度普及，√ = 低度普及；ILA = 基于经验和知识的个人层面适应，PA = 有计划的适应（受政府和非政府组织支持）

资料来源：田野调查。

就洪灾前采取的举措而言，70.81%的受访者声称，他们会开展预警活动，以预测灾难的潜在发生。有33.89%的受访者声称会经常与推广官员协商解决各种问题。预警措施通常非常受欢迎。此外，近一半的受访者（49.33%）储备了干燥和不易腐烂的粮食，50.67%的受访者会保护他们的牲畜，88.93%的受访者使用了有机肥料，58.72%的受访者转移了资产，59.40%的受访者植树造林，来应对如2017年那场由气候变化引起的巨大洪灾。Hossain 等进行的研究中也有类似发现。几乎所有的

---

① nachimon、korimon、tempo 是当地车辆的名称。

适应性措施在低、中、高收入家庭中都很普及。[①] 此外，人们还采取了进一步的策略，如挖掘渠道、保护种子、保护水资源、创建漂浮花园、在高地种植和建造防浪墙等，以提高抵御灾难造成的众多复杂情况的能力。

在洪灾期间，受影响的河中岛居民根据其收入水平采取了各种适应性措施。其中，收集救急食品、经济援助信息和辅助物品（88.93%）、改变饮食习惯和减少食物消耗（91.28%）、更换职业（89.60%）、改变运输方式（100.00%）以及种植叶菜以覆盖墙壁和屋顶（90.27%）是调查区域最受常见的适应措施。此外，面对 2017 年的极端洪涝灾害，人们还考虑了其他几种适应性策略。根据家庭收入能力，在几个地方避难、组织救援行动、使用急救药物和卫生设施、收集纯净饮用水以及改变种植和收割时间也是重要的应对措施。

2017 年洪灾发生后，河中岛居民也采取了一些适应性措施，以从灾后状态中恢复。接受贷款（非政府组织、放高利贷者、放债人、亲属和邻居）（96.64%）、作物多样化策略（76.52%）、非农就业（成为面包车、人力车、nachimon、korimon 和 tempo 的司机）（59.06%）、从政府医院和赤脚医生那里接受治疗（100.00%）以及发展家庭园艺和畜牧业（79.87%）几乎是调查区域最普及的策略。Sarker 等还建议饲养牲畜、做小生意、看医生、在农场外工作、采用传统做法，并与亲戚、朋友和邻居协商，以应对气候变化给生活和生计带来的挑战。[②] 此外，河中岛居民在提高收入能力方面也采取了一些适应性措施，如政府和非政府组织提供的住房便利设施、农业用地的转换、网箱水产养殖等。Hossain 等强调，在孟加拉国等欠发达国家，通过长期措施执行适

---

① Hossain，Ajiang and Ryakitimbo，"Responses to Flood Disaster：Use of Indigenous Knowledge and Adaptation Strategies in Char Village，Bangladesh，" *Environmental Management and Sustainable Development*，Vol. 8，No. 4，2019，p. 46.

② Sarker et al.，"Livelihood Diversification in Rural Bangladesh：Patterns and Determinants in Disaster Prone Riverine Islands，" *Land Use Policy*，Vol. 96，2020，pp. 1 – 11.

当的适应策略是非常必要的。[1] 妇女、青年和老年人是需要特别集中精力来正确实施适应策略的群体。在适应策略中，以学校为基础的学习将强调气候变化和生计调整。[2]

（五）适应策略的障碍因素

河中岛居民采取多种形式的适应策略来应对气候变化引发的洪水灾害进而避免产生可怕的社会经济后果。在实施这些策略的过程中，他们发现了一些障碍。这些障碍在一定程度上影响了他们的适应效果。因此，识别面对气候变化的适应障碍对于设计有效的应对机制至关重要。[3] 图9从社会经济角度展示了气候变化适应障碍的要素及其相关的灾害恢复力。

图9显示，河中岛居民的教育水平低，对气候变化的信息把握不足。Nikuze等进行的研究也发现了这一点。[4] 大多数受访者认为这是中度程度和非常严重的障碍。例如，一位受访者对此阐述如下：

> 我们属于低收入家庭。我父亲总是说，我们没有钱买食物和盖房子的稻草，怎么可能送我的孩子上学接受教育呢？这不仅荒谬，简直是奢侈。但现在，我明白了教育对我们在生活中取得成功有多重要。例如，我是一名日工，所以我没有资格获得好工作，我也不太理解政府和其他机构关于气候变化及其后果的宣传。由于我的

---

① Hossain, Ryakitimbo and Sohel, "Climate Change Induced Human Displacement in Bangladesh: A Case Study of Flood in 2017 in Char in Gaibandha District," *Asian Research Journal of Arts & Social Sciences*, Vol. 10, No. 1, 2020, pp. 47 – 60.

② Russell Kabir et al., "Climate Change Impact: The Experience of the Coastal Areas of Bangladesh Affected by Cyclones Sidr and Aila," *Journal of Environmental and Public Health*, Vol. 2016, 2016, pp. 1 – 10.

③ Arragaw Alemayehu and Woldeamlak Bewket, "'Smallholder Farmers' Coping and Adaptation Strategies to Climate Change and Variability in the Central Highlands of Ethiopia," *Local Environment*, Vol. 22, No. 7, 2017, pp. 825 – 839.

④ Nikuze et al., "Livelihood Impacts of Displacement and Resettlement on Informal Households: A Case Study from Kigali, Rwanda," *Habitat International*, Vol. 86, 2018, pp. 38 – 47.

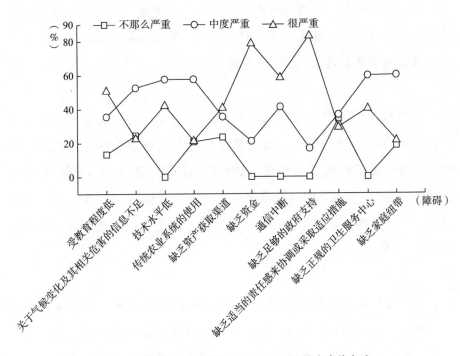

图9 气候变化适应障碍的要素及其相关的灾害恢复力

资料来源：田野调查。

无知，我的家庭每年都会遇到几次困难。我有限的收入和知识不允许我存钱，包括为下一场灾难做计划。因此，我们的生活变得越来越脆弱，让我们绝望。（14号受访者）

大多数受访者认为，面对气候变化引发的复杂情况，技术水平低和通信中断是适应的关键障碍。约60%的人认为通信中断是很严重的障碍，约40%的人认为通信中断是中度严重的障碍。约60%的人认为技术水平低是中度严重的障碍，约40%的人认为技术水平低是很严重的障碍。关于通信中断，一位受访者的意见如下：

即使气候变化带来负面效果，但我们都是生活在偏远河中岛地区辛勤劳作的穷人。我们想尽办法活下去，但是如果遇到通信不畅，我们的适应策略往往失败，特别是在健康适应方面。我们无法及时获得药物。甚至像我这样的穷人，都很难把钱花在治疗和接受治疗的交通费用上。（18号受访者）

大约80%的河中岛居民认为，缺乏资金是适应气候变化的严重障碍。同样，Moser和Ekstrom的研究也支持了同样的发现，并表示各种形式的障碍中脆弱的财务状况是最突出的因素，这削弱了河中岛居民的适应能力。[①] 焦点小组讨论结果显示，大多数调查对象在经济上不够稳健，无法处理生活和生计问题。关于这个问题，一位受访者陈述了其观点：

我们是一群居住在领主自留地的无家可归者。我们缺乏应对困难所需的资产和现金。我们经常从许多来源寻求财政援助，包括放高利贷者、当地非政府组织、亲属等。然而，大多数时候，我们无法满足他们放贷的财务要求。尽管有些放高利贷的人愿意借钱给我们，但利率非常高，我们还不起。因此，我们必须克服许多障碍，以解决自然灾害带来的生活和生计方面的重大问题。（19号受访者）

然而，正如Alam等的研究所发现的那样，使用传统的耕作方法和缺乏适当的协调也是适应的障碍因素。[②] 总之，分别约20%和80%以上的受访者认为，缺乏足够的政府支持是应对气候变化及其影响的中度严重和很严重的障碍。此外，由于当地缺乏像政府医院这样的正规医

---

① Susanne C. Moser and Julia A. Ekstrom, "A Framework to Diagnose Barriers to Climate Change Adaptation," *Proceedings of the National Academy of Sciences of the United States of America*, Vol. 107, No. 51, 2010, pp. 22026 – 22031.

② Alam and Mushtaq, "Climate Change Perceptions and Local Adaptation Strategies of Hazard-Prone Rural Households in Bangladesh," *Climate Risk Management*, No. 1, 2017, pp. 52 – 63.

疗服务中心，几乎所有受访者都面临巨大的困难（中度或很严重），而且缺乏家庭纽带也给康复计划带来了巨大的复杂性。焦点小组讨论和关键人物访谈显示，由于缺乏适当的协调，加之腐败、裙带关系等，人们没有得到政府的支持，尽管政府提供了许多设施来应对气候及其相关自然灾害造成的严重状况。

五 结论

孟加拉国由于其地理位置，极易受到气候变化引起的自然灾害的影响。同样，该国广阔的河流三角洲地区的许多地方与大陆隔绝。本研究考察了气候变化对河中岛居民的社会经济影响及其适应策略，包括阻碍适应策略的因素。研究表明，人们的感知和观测到的气候变化信息之间几乎没有差异。然而，河中岛居民在日常生活和生计方面面临严重的复杂性，使他们更加无助。河中岛居民认为，由于气候变化及其相关危害，他们面临重大挑战，包括教育、社会纽带、健康问题、住房损坏、收入和作物损失、生活质量问题以及其他困难。虽然居民在三个方面制定了各种适应策略，包括减少粮食消费和开支、作物多样化、植树造林、畜牧业、经常与推广官员协商、使用有机肥料、贷款、从事非农就业、季节性迁徙等，但由于缺乏资源、教育水平低、资金短缺、通信中断、家庭纽带脆弱等，他们的整个恢复策略被严重耽搁了。

然而，本研究的发现对政策制定者和政府组织具有重大的实践意义。他们可以通过先进的适应计划来帮助河中岛家庭，以提高他们的适应能力，降低其面对气候变化的脆弱性，并提高其恢复力。本研究还通过制定关键指标来评估河中岛家庭的社会经济影响和恢复力，从理论上做出了贡献。

可持续发展目标旨在减轻孟加拉国农村地区的极端贫困。因此，必须绘制与灾难和气候变化相关的社会经济脆弱性和其他危害地图，以加强河中岛居民的恢复和适应威胁的能力。此外，应制定潜在的灾难恢复手册，对组织的系统、行动和灾后运作条件进行分类。

根据访谈，河中岛居民认为，包括道路建设、可持续森林管理、全年就业和能力建设在内的长期发展战略将有助于增强其应对气候变化的恢复力。为了增强河中岛居民的适应能力，必须改善通信、交通和获得基本公共服务的机会。

气候变化与非洲游牧民的感知[*]

傅凯仪[**]

摘　要： 本研究阐述了西非尼日利亚的气候变化以及游牧民对气候变化造成的生计影响的感知。非洲游牧民面临各种气候变化挑战，这些挑战不仅抑制了其畜牧业发展，还限制了游牧民适应外部环境波动的能力。在过去的几十年里，整个尼日利亚都观察到了极端气候的变化，研究区域因此面临高度的社会脆弱性。本研究分析了1956年至2016年有大量游牧民定居的尼日利亚中部地区的气候变化指标，在过去的几十年里，降水的持续时间和降水量有显著变化，气温升高的不规则亦被观察到。基于对68个游牧民群体的调查，本研究发现游牧民对气候变化的发生有深刻的认识。降水和气温的变化严重影响游牧民的生计，他们过去基于灵活性和流动性的传统适应能力越来越受到限制，这增加了他们的脆弱性。作为应对，游牧民采取了各种适应措施。与农业社区保持合作关系是主要措施之一，但这一措施难以避免农场侵占问题，并影响农牧民关系从而引发争端。游牧民的话语叙述表达了其对气候变化脆弱性和畜牧业未来的悲观看法。他们寄希望于政府采取干预措施，帮助他们应对气候变化的影响以及实现生计多样化。

关键词： 气候变化　非洲游牧民　脆弱性

一　导言

非洲是受气候变化不利影响最大的大陆，而非洲畜牧业是最脆弱

＊　本研究得到了日本 JSPS 科研费（课题编号：22H03843）的资助。

＊＊　傅凯仪，日本专修大学经济学部副教授，研究方向为环境社会学等。

的部门之一。气候变化在非洲的发生是基于极端天气事件的影响，如干旱加剧、强烈风暴、降水时间和分布的改变以及气候变暖等。气候变化会带来虫害和疾病增加等多种次生问题。① Carolan 将气候变化适应描述为人们针对现有或预测的气候影响调整社会生态系统以降低有害影响的行动。② 游牧民社区的生计依赖于那些使他们能够不断适应有限、可变且不可预测的资源禀赋的各种适应战略。③ 非洲的游牧民族富拉尼人通常被认为了解气候变化，他们曾在历史上采取过有效的适应行动。④独特的适应能力使他们能够可持续地开发自然环境，并在历史上展现了很强的复原力。他们的适应性管理技能因在许多特殊的自然环境中有创造和维护生物多样性的贡献而受到称赞。⑤ 然而，过去几十年畜牧业发展的特点是游牧民适应能力的严重丧失。资源枯竭和环境退化等后果进一步削弱了他们的适应能力，导致贫穷的恶性循环。⑥ 游牧民采取的适应战略受到更大的地缘政治体系的高度制约。由于经济发展和政治变革，非洲游牧民可以依赖的共享地在很大程度上受到限制，这使得他们失去了过去所拥有的一部分适应能力，因此比过去更容易受到气候变化的影响。

---

① A. Ayanlade, M. Radeny and J. F. Morton, "Comparing Smallholder Farmers Perception of Climate Change with Meteorological Data: A Case Study from Southwestern Nigeria," *Weather and Climate Extremes*, Vol. 15, 2017, pp. 24 – 33.

② M. Carolan, *Society and the Environment: Pragmatic Solutions to Ecological Issues*, Westview Press, 2017, pp. 28 – 32.

③ J. Davies and M. Nori, "Climate Change and Livelihoods," *Policy Matters*, Vol. 16, 2008, pp. 127 – 162.

④ M. Nori, "Mobile Livelihoods, Patchy Resources & Shifting Rights: Approaching Pastoral Territories," *Thematic Paper for the International Land Coalition*, ILC, Rome, 2007; A. M. Omotayo, "A Land-use System and the Challenge of Sustainable Agro-pastoral Production in Southwestern Nigeria," *International Journal of Sustainable Development and World Ecology*, Vol. 9, No. 3, 2002, pp. 369 –382; R. M. Blench, "Pastoralism in the New Millennium," *FAO Animal Production and Health Paper*, No. 150, 2001, pp. 1 – 93.

⑤ S. J. Rahlao, M. T. Hoffman, S. W. Todd and K. McGrath, "Long-term Vegetation Change in the Succulent Karoo, South Africa Following 67 Years of Rest from Grazing," *Journal of Arid Environments*, Vol. 72, No. 5, 2008, pp. 808 – 819.

⑥ J. Davies and M. Nori, "Climate Change and Livelihoods," *Policy Matters*, Vol. 16, 2008, pp. 127 – 162.

在过去几十年里，在整个尼日利亚的三个气候带，即几内亚海岸地带、草原地带和萨赫勒地带都观察到了极端天气事件的不同变化。[①] 虽然游牧民在支持当地经济方面发挥了重要的作用，但他们面临不利的土地可及性、政治和经济边缘化以及资源竞争加剧带来的许多不安全感。他们正是在如此政治经济处境之下应对严重的气候变化。[②] 大量的游牧富拉尼人已经迁移到尼日利亚中部并定居了一个多世纪。[③] 他们的生计依赖畜群状况，而畜群状况主要取决于放牧草场的可用性和质量。为了满足不同牲畜物种的独特觅食需求，牧民需要利用分散的、生态专业化的、季节性变化的草场和水井。维持牲畜的健康至关重要，这样才能确保针对不稳定降水模式的安全边界。[④] 非洲的气候变化影响了牧民的迁移模式，农民和牧民之间的冲突正在尼日利亚各地广泛蔓延，特别是在尼日利亚北部及中部地带。[⑤] 在此背景下，本文重点关注两个议题：其一，有着许多游牧民定居的尼日利亚中部地区的气候变化状况；其二，牧民对于气候变化对其生计影响的感知及看法。

二 未来非洲气候变化及其影响的可能情景

相关研究表明，非洲的气温在 20 世纪升高了 0.7℃，意味着每十

[①] I. E. Gbode, O. E. Adeyeri, K. P. Menang, J. D. K. Intsiful, V. O. Ajayi, J. A. Omotosho and A. A. Akinsanola, "Observed Changes in Climate Extremes in Nigeria," *Meteorological Applications*, Vol. 26, 2019, pp. 642 – 654.

[②] E. Fabusoro, T. Matsumoto and M. Taeb, "Land Rights Regimes in Southwest Nigeria: Implications for Land Access and Livelihoods Security of Settled Fulani Agropastoralists," *Land Degradation & Development*, Vol. 19, No. 1, 2008, pp. 91 – 103.

[③] R. H. Y. Fu, "Symbiosis Between Pastoralists and Agriculturalists-Corralling Contract and Interethnic Relationship of Fulani and Nupe in Central Nigeria," *International Journal of Public and Private Perspectives on Healthcare, Culture and the Environment*, Vol. 2, No. 1, 2018, pp. 33 – 58.

[④] M. Nori, J. Switzer and A. Crawford, "Herding on the Brink: Towards a Global Survey of Pastoral Communities and Conflict," *Occasional Paper*, IUCN Commission on Environmental, Economic and Social Policy, International Institute for Sustainable Development, 2005.

[⑤] I. A. Madu and B. V. Nwankwo, "Spatial Pattern of Climate Change and Farmer-Herder Conflict Vulnerabilities in Nigeria," *Geo Journal*, Vol. 86, 2020, pp. 2691 – 2707.

年气温升高超 0.05℃。未来非洲的气温升高范围为每十年 0.2℃（低度假设）到每十年超过 0.5℃（高度假设）。[①] 联合国人道协调厅阐述了气候变化对非洲游牧民当前和潜在影响的三种可能情景。[②] 第一种情况是气候变化将对游牧民产生重大的负面影响。牲畜会因高温而死亡，农业灾害的发生频率会因降水的变化而提高，洪水的发生频率会更高，人类和牲畜疾病的传播也会增加。非洲游牧民将会因为损失牲畜而面临严重的贫困。预计这种情况在包括尼日利亚北部在内的干旱地区将会更为普遍。

第二种设想认为，气候变化本身不一定会对畜牧业造成负面影响。这一论点认为畜牧生产制度很容易适应不稳定的环境。然而，游牧民现在比以前面临更多的挑战，他们往往被发展政策所忽视，从而处于更加边缘化的位置。他们适应外部环境变化的能力和社会凝聚力正面临不利影响。这种设想可能更适用于半干旱区，也更符合本文所研究区域的情况。

最后一种情况认为，由于可能出现更多的降水，一些游牧民可能会受益于气候变化，因为他们拥有绿草的时间将变得更长。干旱发生频率的降低可能会让他们有更多的时间在困难时期重建资产。气候变化可能有助于游牧民突破生态障碍。游牧民过去由于锥虫病而无法进入的潮湿地区可能会变得适合牛生活。事实上，即使在南方的沿海地区，游牧民群体定居下来的情况也并不罕见。

Madu 和 Nwankwo 指出，气候变化的脆弱性是尼日利亚农牧民冲突的最重要因素，因为随着北部环境恶化，游牧民将向南迁移。[③] 据估

---

① M. Hulme, R. Doherty, T. Ngara, M. New and D. Lister, "African Climate Change: 1900 – 2100," *Climate Research*, Vol. 17, No. 2, 2001, pp. 145 – 168; IPCC, *Climate Change* 2007, *Fourth Assessment Report*（*AR*4）, 2007.

② OCHA, *Annual Report* 2009, United Nations Office for the Coordination of Humanitarian Affairs, 2009.

③ I. A. Madu and B. V. Nwankwo, "Spatial Pattern of Climate Change and Farmer-Herder Conflict Vulnerabilities in Nigeria," *Geo Journal*, Vol. 86, 2020, pp. 2691 – 2707.

计，气候变化每年大约减少 350000 公顷可用于畜牧业生产的土地。[①] 虽然气候变化可能与暴力冲突没有直接关系，但与气候相关的变化会刺激其他社会和经济因素，从而反过来加剧暴力冲突。[②] 在经历重大政治、经济和社会压力的地方，气候变化可能会加剧对资源的竞争，影响人民的生计，并增加冲突和不安全的可能性。[③]

三　研究区域及研究方法

本研究在尼日尔州的比达地区开展，该地区位于尼日利亚的中北部地缘政治区，南部临近尼日尔河。研究地区的大部分人口是自给自足的农民。他们的经济生产活动主要包括雨水灌溉农业、小规模灌溉农业和畜牧业。大多数农业人口属于努佩人，大多数游牧民则属于富拉尼人。至少自 17 世纪以来，他们一直比邻而居。[④] 研究地区的植被属于几内亚稀树草原区，典型的植被是被灌木焚烧改造的开阔林地。

为了评估当地的气候变化情况，笔者从尼日尔州农业发展项目办公室（ADP）和国家谷物研究所（NCRI）收集了从 20 世纪 50 年代到 2016 年的原始气象数据。这些原始数据由工作人员每天记录并填写于纸质表格上。这些表格的保存条件较差，因为尼日利亚当地的研究机构没有足够的资源来购买高质量的设备和归档设施。

关于与气候相关的生计变化，笔者在 2017 年 9 月至 2018 年 3 月对 68 个游牧民群体进行了问卷调查，涵盖了管理着 2867 头牛的 631 名游牧民的观点。调查收集了游牧民的社会经济数据、迁移历史、关于气候

①　IPCC, *Climate Change* 2007, *Fourth Assessment Report*（*AR4*）, 2007.

②　IPCC, *Climate Change* 2014, *Fifth Assessment Report*（*AR5*）, 2014.

③　OCHA, "Understanding the Climate-Conflict Nexus from a Humanitarian Perspective: A New Quantitative Approach," *OCHA Policy and Studies Series*, Occasional Paper 2016/2017, 2016.

④　D. Ismaila, *Nupe in History*（1300 *to Date*）, Jos, Nigeria: Olawale Publishing Company Ltd., 2002.

变化的经历、土地可及性、牲畜健康管理和气候适应策略。牧民对气候变化的叙述通过开放式问题收集，该问题要求他们就气候变化、土地可及性、牲畜健康、与农业社区的关系、冲突解决等问题发表一般性意见。笔者在 2019 年 9 月进行了进一步的实地调查，记录了游牧民对气候变化及其对生计和牲畜影响的更深入的看法，这将在未来的论文中提出。

研究地区面临非常高的气候变化脆弱性。尼日利亚北部地区比南部地区更容易受到气候变化的影响，因为在这一地区，农业活动占主导地位，基础设施发展落后，社会经济条件较差。[①] 研究地区以农村为主，高度依赖农业和自然资源，这使得农村居民对气候变化和极端气候事件高度敏感。高贫困率、低教育水平、政策制定者的忽视和孤立也在许多方面加剧了气候变化的影响。

四 气候变化指标的结果

在过去 60 年中，研究地区的年降水量缓慢增加。图 1 呈现了研究地区 1956～2016 年的年降水量趋势。研究地区一年中有两个截然不同的季节。雨季发生在 5～10 月，旱季从 11 月持续到次年 4 月。1956～2016 年的年平均降水量为 1166mm。1964 年的年降水量最高，达到 1769mm，1982 年最低，为 835mm。研究地区的年降水量大多在 1000～1200mm，与 20 世纪 70 年代和 80 年代相比，20 世纪 90 年代和 21 世纪初的年降水量普遍较高，但不规律。如图 1 所示，2013～2015 年，年降水量明显降低，许多牧民连续三个旱季在为他们的牲畜获得足够的水和牧草方面经历了困难。

①　I. A. Madu, "Rurality and Climate Change Vulnerability in Nigeria: Assessment Towards Evidence Based Even Rural Development Policy," *Paper Presented at the 2016 Berlin Conference on Global Environmental Change*, 2016, http://dx. doi. org/10. 17169/refubium – 21841.

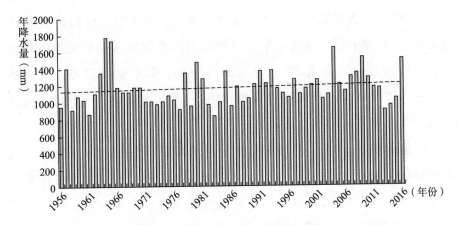

图 1　1956～2016 年的年降水量趋势

资料来源：作者根据尼日尔州 ADP 和 NCRI 的数据制作。

降水的不规则性和持续时间构成了研究地区农村生计的主要挑战。图 2 显示了过去 60 年的季节性降水模式。曲线的不同形状表明，降水的持续时间有很大变化，雨季早期的降水量对农作物的生长至关重要，雨季中期的降水量变化最大。20 世纪 60 年代的降水较均匀，持续时间

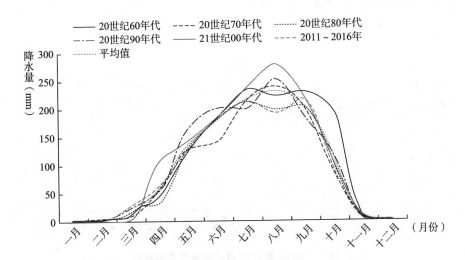

图 2　20 世纪 60 年代至 21 世纪初降水的季节模式

资料来源：作者根据尼日尔州 ADP 和 NCRI 的数据制作。

较长，但在随后的几十年里，雨季持续时间明显缩短，特别是在 20 世纪 90 年代，降水高度集中，降水量急剧减少。许多游牧民仍然记得 20 世纪 80 年代的干旱，那次干旱导致许多新的游牧民群体从北方向研究地区远距离迁移。进入 21 世纪后的前十年，降水状况较好，之后的 2011～2016 年的降水模式变得与 20 世纪 80 年代相似，许多牧民认为这是气候变化发生的最重要迹象之一。

根据 1981～2015 年的可用数据，月平均最高气温和月平均最低气温都呈现稳步上升的趋势，如图 3 和图 4 所示。这一时期的月平均最高气温为 33.9℃。1991 年的月平均最高气温最低，为 32.7℃，1998 年的月平均最高气温最高，为 34.8℃。这一时期的月平均最低气温为 21.7℃，最低的 1992 年为 19.6℃，最高的 2010 年为 23.0℃。20 世纪 80 年代天气普遍较冷，从 90 年代中期开始天气变得较热。进入 21 世纪以来，气温经常出现不规则变化。几乎所有接受采访的牧民都提到雨水短缺、降水量变化以及全年气温较高。他们意识到全年都在发生气候变化，大多数变化表现为降水量减少、降水持续时间缩短、气温一直较高，以及牲畜喜欢的某些类型的牧草消失等。

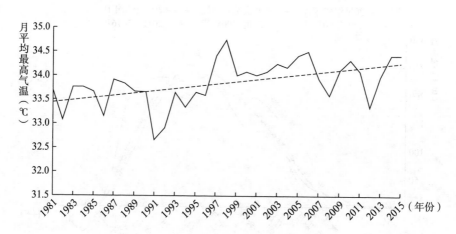

图 3 1981～2015 年月平均最高气温趋势

资料来源：作者根据尼日尔州 ADP 和 NCRI 的数据制作。

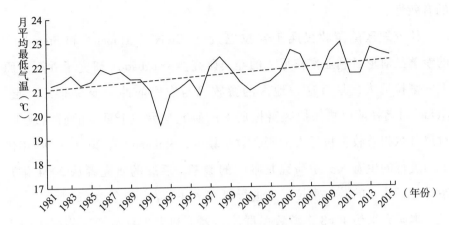

图4　1981～2015年月平均最低气温趋势

资料来源：作者根据尼日尔州ADP和NCRI的数据制作。

五　非洲游牧民对气候变化的看法

（一）　研究地区的游牧民

世界观是个体的基本认知取向，根植于个体的全部知识之中。在西方哲学中，自然对人类来说是与生俱来的。当我们感知自然时，我们居住在一个与自然分离的领域。Carolan认为，人们对自然的理解建立于我们与自然分离的关系。[①] 气候变化是平均气候条件的逐渐变化，这是一种很难根据个人经验准确检测和追踪的现象。人们对气候变化的看法受到广泛的结构、心理、社会和文化因素的影响和塑造。[②] 人们感知气候变化的方式及其个人理解可能不准确或不完整，但感知研究对于支持风险分析和适应性应对措施非常重要，并可以提高气候变化适应

[①] M. Carolan, *Society and the Environment*: *Pragmatic Solutions to Ecological Issues*, Westview Press, 2017, pp. 277 – 278.

[②] E. Weber, "What Shapes Perceptions of Climate Change?" *Wiley Interdisciplinary Reviews*: *Climate Change*, Vol. 1, No. 3, 2010, pp. 332 – 342; E. Weber, "What Shapes Perceptions of Climate Change? New Research Since 2010," *Wiley Interdisciplinary Reviews*: *Climate Change*, Vol. 7, 2016, pp. 125 – 134.

的有效性。①

研究地区的游牧民属于富拉尼人。② Croix③、Hopen④ 和 Stenning⑤ 的专著是对尼日利亚富拉尼人的经典研究。Awogbade⑥ 研究了乔斯高原上的富拉尼人，最近这一地区的游牧民与农民的冲突变得非常严重。Gefu⑦ 对乌杜博放牧保护区富拉尼人的研究是另一个重要的研究成果。对尼日尔州游牧富拉尼人的研究数量较少，Shikano⑧ 在 20 世纪 90 年代中期进行的生态人类学研究是唯一的参考。后续的研究者从 2004 年开始对尼日尔州的游牧富拉尼人进行研究，并发表了几篇文章。⑨

本研究采访了 68 个游牧民群体。表 1 和表 2 总结了这些群体的人口和生计信息。游牧民通常有自己的牛只，甚至有一群牛，但在研究地区集体行动具有强大的文化约束力，游牧民必须在户主领导下集体行动。游牧民群体每天做出集体决定，以选定放牧活动和放牧区域。重要

---

① S. Xie, W. Ding, W. Ye and Z. Deng, "Agro-pastoralists' Perception of Climate Change and Adaptation in the Qilian Mountains of Northwest China," *Scientific Reports*, Vol. 12, 2022, pp. 1 – 15.

② 在文献中，富拉尼也被称为富尔贝、佩尔、费拉或拉夫。在富尔德语中，他们称自己为富尔贝。富拉尼语是豪斯语，在尼日利亚使用得更广泛。

③ St. Croix, *The Fulani of Northern Nigeria: Some General Notes*, Gregg International Publishers Limited, 1972.

④ C. E. Hopen, *The Pastoral Fulbe Family in Gwandu*, London: OUP for IAI, 1958.

⑤ D. Stenning, *Savannah Nomads: A Study of the Woodabe Pastoral Fulani of Western Bornu Province Northern Region*, *Nigeria*, International African Institute, 1959.

⑥ M. O. Awogbade, *Fulani Pastoralism-Jos Case Study*, Ahmade Bello University Press Limited, 1983.

⑦ J. O. Gefu, *Pastoralist Perspectives in Nigeria: The Fulbe of Udubo Grazing Reserve*, Uppsala: Nordiska Afrikainstitutet, 1992, pp. 1 – 106.

⑧ K. Shikano, "Ecological Anthropological Study on Daily Herding Activities of Pastoral Fulani in Central Nigeria," in S. Hirose and T. Wakatsuki (eds.), *Restoration of Inland Valley Ecosystems in West Africa*, Association of Agriculture and Forest Statistics, Japan, 2002, pp. 303 – 369.

⑨ R. H. Y. Fu, "Adjusting to Changes for Pastures: Herding Patterns of Pastoral Fulani in Central Nigeria," *Journal of Sustainable Development*, Vol. 11, No. 1, 2014, pp. 2 – 7; R. H. Y. Fu, "Symbiosis Between Pastoralists and Agriculturalists-Corralling Contract and Interethnic Relationship of Fulani and Nupe in Central Nigeria," *International Journal of Public and Private Perspectives on Healthcare*, *Culture and the Environment*, Vol. 2, No. 1, 2018, pp. 33 – 58; R. H. Y. Fu, "A Study on the Bida Emirate of Central Nigeria," in Y. Chang and E. K. Kim (eds.), *African Politics and Economics in a Globalized World*, Seoul: Dahae Publishing, 2019, pp. 175 – 222.

的决定比如建立定居营地的地点、迁移路线、与农业社区的社会关系以及居住和放牧的区域，必须通过群体中所有成年成员的讨论和共识来做出。因此，户主的回答代表了所有群体成员的共同观点，这意味着他们的回答大致代表了总共 631 名游牧民的意见。

研究地区的游牧民群体在家庭规模和畜群规模方面差异很大。户主的平均年龄为 49 岁，有 41 年的放牧经验。研究地区的游牧民有让 8 岁的小男孩开始放牧和管理牛的习俗，因此最年长的受访者有 72 年的放牧经验。大多数游牧民养牛，羊作为次要牲畜。山羊在研究地区并不常见，因为牧民担心羊群移动很容易给耕作的邻居带来麻烦。受访者的经济状况也大相径庭。游牧民平均月收入 29697 奈拉，在 2018 年约为 97 美元，① 但最高月收入是最低月收入的 10 倍。受访者的教育水平普遍较低，92.5% 的人只接受过非正式的古兰经教育。

表 1　游牧民群体人口统计资料（n = 68）

	平均值	标准偏差	最小值	最大值
户主年龄（岁）	49	14	25	80
住户人数（人）	9	4	3	24
男性人数（人）	4	2	1	13
女性人数（人）	5	3	1	15
放牧经验年数（年）	41	14	10	72
牛只数量（头）	43	26	5	150
绵羊数量（只）	16	14	0	70
山羊数量（只）	4	6	0	20
月收入（奈拉）	29697	13221	10000	100000

资料来源：问卷调查结果。

研究地区的游牧民大多保持游牧或迁徙的生活方式，其中一半以上在目前的营地停留不到 6 个月。然而，接近 17% 的受访者是定居不

① 2018 年，奈拉与美元的官方汇率为 306.08 奈拉 = 1 美元，参见 https://data. worldbank. org/indicator/PA. NUS. FCRF？locations = NG。

动的，他们已经在同一个地方待了 10 年及以上。生计结构上，与过去相反，现在的牧民不仅仅局限于畜牧业生产。笔者调查了解到，93% 的受访者除了放牛之外还从事农业生产，但其中 91% 的人从事农业只是为了生产补充家庭消费的食物。畜牧业仍然是他们的主要收入来源，决定了他们的生活水平。

表2 游牧民群体生计等信息 （n = 68）

单位：%

教育背景	
古兰经教育	92.5
中等教育	3.0
高等教育	4.5
在当前营地停留的时间	
6 个月以下	56.1
6 个月至 1 年	7.5
1～3 年	6.1
3～10 年	13.6
10 年及以上	16.7
农业耕作面积	
1 公顷以下	50.8
1～2 公顷	36.5
2 公顷及以上	12.7

资料来源：问卷调查结果。

（二） 游牧民对气候变化的看法

所有受访者都意识到了气候变化。如表 3 所示，超过一半的游牧民感受到气候变化已经超过 5 年了。95.5% 的受访者通过个人观察获得有关气候变化的信息。在访谈中他们提到了其通过雨、草、温度等变化所观察到的证据。他们观察到的最明显的变化是雨季的缩短和某些种类的草的消失。几乎所有的游牧民一年到头都能感受到气候变化的影响，但其中一些人在旱季比雨季感受得更强烈。

表3　游牧民群体对气候变化的认识（n＝68）

单位：%

气候变化意识	
意识到气候变化	100.0
意识到气候变化的时间	
5年以下	47.0
5～10年	44.0
10年及以上	9.0
意识到气候变化的信息来源	
个人观察	95.5
公共天气系统	1.5
朋友	1.5
电视	1.5
一年中感受到气候变化影响的时期	
旱季	4.6
雨季	1.5
全年	93.8

资料来源：问卷调查结果。

　　游牧民回答，他们最近观察到如图5所示的各种气候因素的变化。他们中的大多数认为降水持续时间减少了、降水强度降低了、旱季延长了，甚至偶尔会发生干旱。更高的大气温度和土壤温度产生更多的热量。日照强度和日照时数的增加，不仅使人类，也使家畜难以忍受高温。气候因素变得高度多变，一些受访者经历了强风和风暴。侵蚀对牧民来说还不是一个严重的问题。

（三）　游牧民的反应和适应

　　为了应对气候变化，几乎所有受访者都采取了扩大放牧面积的应对措施（见图6）。因为牧场越来越不足，牛群必须每天移动到很远的地方去寻找足够的牧草。游牧民已经扩大了放牧的范围，从以前几公里的放牧距离变成了十到二十公里。大多数游牧民将他们的牛群分开，这样数

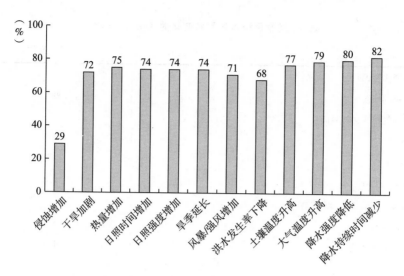

图5 最近一段时间气候因素发生的变化

资料来源：问卷调查结果。

量较少的牛群可以从不同的地方获得足够的牧草。超过一半的游牧民采取迁移的应对做法，以便探索新的生活和放牧地区。超过一半的受访者已经开始采取生计多样化的应对策略，如务农或寻找其他工作。为了获取资源和方便社会生活，研究地区的游牧民更喜欢住在靠近农民的地方，将放牧面积扩展到偏远的森林和转移到远离人类的地方不是他们的选择。

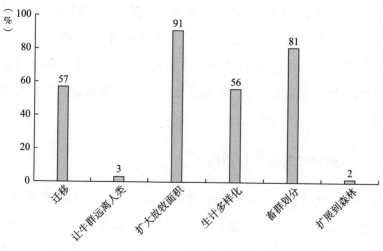

图6 游牧民应对气候变化的实践

资料来源：问卷调查结果。

易受气候变化影响是指一个系统易受气候多变性和极端天气事件不利影响的程度。① 一个社区的脆弱性受到社会经济、政治和环境因素的影响，这些因素表明人们对气候灾害的敏感性和暴露程度。② 如图7所示，研究地区的游牧民注意到他们的生计在许多方面受到了负面影响。最严重的挑战是牧场供应的减少，因为这对牲畜的健康有直接影响。游牧民抱怨牛群的肉产量和奶产量在数量和质量上都有所下降。气温不断升高影响了牛群的生长。水源对人和牲畜来说还不是问题，尽管水资源的可用量有所减少。气候变化导致动物健康情况恶化，疾病暴发困扰着大多数受访者。74%的受访者指出他们的牛群暴发了口蹄疫。困扰游牧民的其他疾病是腹泻（13%）和布鲁氏菌病（7%）。游牧民提到了气候变化给牛群带来的许多健康问题，如咳嗽、皮肤问题、眼睛疼

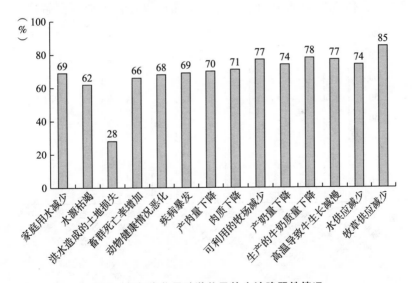

图7　气候变化导致游牧民的生计脆弱性情况

资料来源：问卷调查结果。

---

① IPCC, *Climate Change* 2001: *Synthesis Report*, Cambridge University Press, 2001.
② N. Brooks, W. N. Adger and P. M. Kelly, "The Determinants of Vulnerability and Adaptive Capacity at the National Level and the Implications for Adaptation," *Global Environmental Change*, Vol. 15, No. 2, 2005, pp. 151 – 163.

痛、胎盘问题、精神问题、肝病和蠕虫。他们还认为，牧草的可用量降低和一些草种的丧失正在导致牛群处于饥饿。

为了应对气候变化，游牧民正在采取各种适应措施（见图8）。令人惊讶的是，大多数受访者（74%）都有过耕地侵占的经历。与农业社区的友好关系对游牧民来说非常重要。他们总是对放牧活动保持谨慎，避免破坏耕地上的农作物。然而，人口大量增加和低农业生产效率导致的耕地面积快速扩大给游牧民带来了更大的困难。农民也失去了对游牧民邻居的尊重。他们在将农场扩大到原本保留给牛群放牧的土地上时不再犹豫，甚至封锁了通往关键饮水点的放牧路线。在本文的研究地区，与相关报道中发生流血冲突和流离失所的其他地区相比，游牧民和农民之间关于耕地侵占的争端仍然很小。在研究地区，传统制度仍在运作，在传统领袖的干预下，许多争端可以在社区内得到解决。

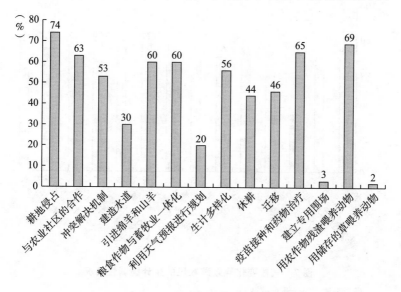

图8 游牧民采取的适应气候变化的做法
资料来源：问卷调查结果。

研究地区已经开发了一个预警系统，在旱季初期游牧民开始从北方向该地区大规模季节性迁移前，系统会预先通知农民及时收割。这在很大程度上防止了两个群体之间的严重冲突。不过，由于被快速扩张的农场包围，许多牧民透露，他们很难完全避免侵占耕地。游牧民不会故意让他们的牛群进入农场，因为这会受到传统司法机构的严厉惩罚，但随着牧场的缩小和放牧路线的限制，游牧民更难限制牛群的移动。

有限的资源禀赋限制了游牧民采取缓和和适应的做法。昂贵的适应策略，如用储存的草喂养动物、建立围场、修建水道和使用天气预报等，对游牧民来说并不可行。游牧民能够负担的有限资源主要用于牲畜的疫苗接种和药物治疗，以减轻疾病暴发的影响。游牧民主要通过与农业社区保持合作关系来应对气候变化。根据笔者的调查，71%的受访者与农业社区建立了友好关系，其中，65%的受访者在各个村庄轮流建立定居营地，提供牛粪为农民肥沃土地。作为回报，农民慷慨地让游牧民利用收割后的剩余物，他们也愿意通过提供土地给游牧民耕种来帮助游牧民实现生计多样化。

六　居民关于气候变化的陈述

为了深入了解当地游牧民对气候变化、土地可及性、牲畜健康、与农业社区的关系以及冲突解决等方面的观点，本研究除了数据资料外还收集了游牧民对上述议题的话语叙述，以下围绕生计影响、适应策略、畜牧业的未来等方面来呈现部分有代表性的叙述。

（一）　对生计的影响

富拉尼牧区的酋长表达了对重要牧草品种的丧失的担忧，并呼吁政府给予关注。

> 气候变化导致了牧草的消失，如努佩地区的Tanmotswangi，这是牛群以前常吃的。由于土壤肥力退化，这种草消失了。与此相对，牛群不能食用的杂草增加了很多。我建议政府介入帮助富拉尼的牛群，把森林保护区变成放牧保护区，里面有深水井。此外，政

府应该发展遥远北方的植被，以解决尼日尔州的拥挤问题，那里的牛现在太多了。（DB访谈录，2017年10月25日）

游牧民对气候变化给他们的生计带来的负面影响感到悲观。由于气温升高和牧场减少，牛群的健康状况恶化，这使游牧民变得脆弱，他们担心气候变化会威胁他们未来的生存。

这是所有气候变化对畜牧业的巨大威胁。因此，有必要找到解决方案来减轻气候变化对动物的严重影响。这可能需要富拉尼人和当地政府的集体努力。（SI访谈录，2017年9月21日）

气候变化导致动物健康状况恶化，使我们在疫苗接种和药物上花费更多。（HA访谈录，2017年10月13日）

富拉尼人应该寻求生计多样化。土地的可及性不是大的问题，牛的健康状况正在迅速恶化，我们需要不断地使用药物，而牛已经没有希望了。（IW访谈录，2017年10月9日）

所有这些气候变化、放牧土地的短缺、持续不断的疾病暴发，让人们对富拉尼人的未来生存产生了极大的担忧。（YA访谈录，2017年9月20日）

（二）适应策略

正如一些受访者所提到的，土地可及性在研究地区还不是一个大问题，但可用于放牧的土地确实越来越不足。作为一种适应策略，游牧民一直在非常谨慎地调整他们的放牧活动和放牧范围。将牛群分成更小的规模是最常见的适应策略之一。通过这种方式，游牧民可以利用分散的地点来满足牛群的各种饲料需求。最重要的一点是避免与农业社区的冲突。

> 气候变化对富拉尼人的养牛活动有影响。我们试图通过控制我们的放牧来适应。我们尽量限制牛群在农业社区的农场附近吃草，以避免与农民发生冲突。（MA 访谈录，2017 年 9 月 3 日）

> 我对这种气候变化的看法是，它将使我在未来把我的牛群一分为二。一部分自由放牧，另一部分限制放牧。（IA 访谈录，2017 年 9 月 28 日）

游牧民希望政府干预，帮助他们实现畜牧业生产的现代化。他们提到了围场放牧中心、保护放牧区、兽医中心以及饮水点等做法。旱季的延长和更高的气温是气候变化对游牧民最具挑战性的影响之一，他们希望政府在各个方面提供援助。

> 政府需要帮助游牧民制定一项法律，以帮助畜牧业，并为动物获得足够的土地。还需要建立现代化的围场放牧中心。（MK 访谈录，2017 年 9 月 21 日）

> 我们需要政府的援助，建立放牧围场、兽医中心和良好的饮水点。这些将缓解我们现在面临的问题。（MD 访谈录，2017 年 10 月 13 日）

> 政府应该帮助林业部门种植更多的树木来减少热量。他们应该利用树干来建立现代牧场，以满足旱季饲料的需求。（MW 访谈录，2017 年 10 月 14 日）

事实上，我很害怕气候变化会导致牧草地减少、动物疾病增加以及偶尔有更多的牛侵占农民的农田，从而导致我们的牛群大量减少。政府可能必须介入，帮助富拉尼人建立围场放牧中心，并让富拉尼人获得土地定居。（GA 访谈录，2017 年 10 月 13 日）

（三） 畜牧业的未来

对于畜牧业的未来，虽然一些受访者因为受到养牛传统的限制而感到悲观，但一些受访者透露了对生计多样化和生活变革的希望。一些游牧民认为，将生计多样化转向其他类型的行业，以及将生活方式从游牧转变为定居，是应对气候变化所必需的潜在适应策略。事实上，在2019 年进行的后续实地调查中，研究者观察到一些较富裕的游牧民已经购买了土地，为未来的永久定居做准备。

我觉得最好的解决办法是成立政府委员会和富拉尼人委员会。事实上，富拉尼人不可能离开他们的传统职业，因为他们除了养牛之外没有任何职业。（BY 访谈录，2018 年 2 月 19 日）

在这些气候变化的情况下，有一个永久的地点是很好的，这样，如果有来自政府的援助，就可以在富拉尼人的永久定居地点逐步开展。（IA 访谈录，2017 年 10 月 13 日）

在气候、土地可及性和牲畜疾病急剧增加的情况下，再加上其他问题，富拉尼人需要纠正他们的想法，减少畜群或发展其他有利的行业。（SI 访谈录，2018 年 2 月 6 日）

这种不断变化的游牧体系需要演变成定居放牧。（AD 访谈录，2018 年 2 月 6 日）

考虑到前所未有的气候变化、人口增长和农牧冲突强度，游牧民所希望的政府干预，如放牧保护区、围场中心、动物保健援助、饮水点等都属于紧急事项。据报道，近年来，尼日利亚与气候变化相关的难民人数迅速增加。[1] 拖延提供必要的援助可能会使本已糟糕的局势迅速恶化。在干旱和半干旱的尼日利亚，绑架、武装冲突和恐怖主义正在成为非常具有破坏性的安全问题，那里的大量游牧民不再能够在其适应能力范围内应对气候变化的影响，他们声称自己被剥夺了放牧和生存的权利。[2] 从长远来看，必须协助游牧民实现生计和生产系统的多样化。搬迁、教育机会、参与现代经济体系对于支持他们改变生活方式和适应即将到来的生态、社会和经济变化是必要的。尽管在自然环境、文化、社会价值体系和经济发展阶段等方面存在巨大差异，中国等拥有广大面积的干旱、半干旱地区的国家在实现畜牧业生产系统现代化和环境保护方面的经验值得借鉴。

七　讨论

关于气候变化对非洲畜牧业的影响，悲观的观点占了上风。在粮食安全问题也广泛蔓延的地区，许多游牧民群体经常面临不可预测的降水变化和更热的天气。本文对尼日利亚中部研究地区的气象记录进行了分析。问卷调查的结果显示，100%的受访游牧民都知道该地区发生了气候变化。超四成（44%）的人表示，他们在 2017 年之前的五到十年就意识到了气候变化的证据。他们的感知与气象记录相符。气象记录

---

[1] OHCHR, *Advancing a Rights-based Approach to Climate Change Resilience and Migration in the Sahel*, United Nations, 2022; T. E. Olagunju, S. O. Adewoye, A. O. Adewoye and O. A. Opasola, "Climate Change Impacts on Environment: Human Displacement and Social Conflicts in Nigeria," *IOP Conference Series: Earth and Environmental Science*, 2020, doi: 10.1088/1755 – 1315/655/1/012072. https://iopscience.iop.org/article/10.1088/1755_1315/655/1/012072/pdf.

[2] O. Asueni and N. Godknows, "Climate Change and Social Conflict: Migration of Fulani Herdsmen and the Implications in Nigeria," *British Journal of Education*, Vol. 7, No. 5, 2019, pp. 82 – 93.

显示，近年来降水量减少且更不稳定，而气温的变化则更加不规则。同时，本文介绍了游牧民关于生计脆弱性、适应做法和畜牧业的未来三方面的叙述。

如前文分析结果所示，21 世纪前几年相对丰富和稳定的降水使该地区面临的问题得到了部分缓解。这可以被视为萨赫勒和撒哈拉南部处于绿化期的证据。然而，即使在游牧民没有面临干旱气候的年份，他们也经常面临某种形式的农业干旱，这是一种受发展政策不力和管理不善影响的人为现象。[①] 正如 Fabusoro 等人所强调的，非洲国家的政策和投资通常有利于作物种植者，而不是牲畜饲养者。[②] 特别是在旱地，那里的作物经过改造，变得更加抗旱。农民的土地权利往往比牲畜饲养者的土地权利更有保障，在过去几十年里，耕种者有侵入牧草地的趋势。

气候变化对非洲游牧民本已困难的处境产生了复合影响，他们基于灵活性和流动性的传统适应能力越来越受到限制。过去，流动性作为一种适应策略被普遍用于应对气候变化。当前更多的游牧民希望定居，因为这提供了多样化和更广泛的发展机会。在研究地区，大多数游牧民已经在农业社区附近定居了几十年。虽然游牧民在获得土地方面仍然面临严重限制，无法融入占主导地位的农业社区的社会文化生活，但气候变化将是一个额外的压力因素，可能会超过他们所做的努力。

井上真[③]提出了将合作治理（collaborative governance）作为环境问题的潜在解决方案的想法，即不同层次的利益相关者可以合作来管理自然资源。他认为"开放的地方主义"（open-mined localism）和"参与原则"（principle of involvement）的相互作用，可以使人们摆脱"内"与

---

① M. Nori and J. Davis, *Change of Wind or Wind of Change? Climate Change, Adaptation and Development*, The World Initiative for Sustainable Pastoralism, 2007; N. A. Onyekuru and R. Marchant, "Nigeria's Response to the Impacts of Climate Change: Development Resilient and Ethical Adaptation Options," *Journal of Agricultural and Environmental Ethics*, Vol. 25, 2012, pp. 585 – 595.

② E. Fabusoro, T. Matsumoto and M. Taeb, "Land Rights Regimes in Southwest Nigeria: Implications for Land Access and Livelihoods Security of Settled Fulani Agropastoralists," *Land Degradation & Development*, Vol. 19, No. 1, 2008, pp. 91 – 103.

③ 井上真『コモンズの思想を求めて』東京都：岩波書店、2004。

"外"的界限，形成自然传承的公共意识。虽然研究地区的地理范围有限，但通过将气象指标与当地人的感知叙事相匹配，我们可以生动地了解气候变化的进展。这项研究有助于我们培养一种参与感，这样我们就可以成为协作治理的利益相关者之一。我们迫切需要投资于减少气候灾害风险的措施，并加强游牧民应对不确定性的准备，以减轻他们因气候变化而日益增加的脆弱性。

"自然敬畏感"与"想象共同体"的
媒介仪式建构[*]

——以重庆居民微博高温讨论文本为例

孟 伦　王　喆　任丽雪^{**}

摘　要: 本研究从传播仪式观的理论视角出发,探讨微博讨论如何仪式化地呈现和建构了人们的极端高温体验。通过挖掘与分析重庆微博用户发布的相关微博文本,本研究发现:从符号的遴选与组织方式来看,图片成为唤醒重庆居民形成想象共同体的一种符号资源,而表情包则往往用于描述身体的痛苦体验、对灾害成因的费解以及对降温的渴望。这些构成了自然敬畏感形成的基础。在精心遴选符号的基础上,人们对符号系统进行了纵横交错的多重组合。其中,对符号的纵向组合倾向于进行追溯式的线性回顾进而衍生对自然的崇拜与敬畏。而对符号的横向组合则由浅入深,梯度化地唤醒了人们的共同体意识。唤起、建构、定位和传递观念的文化框架随着时间的推移发生了渠道的位移。媒介仪式通过虚拟化的祈祷实践唤起和传递了传统文化中的自然敬畏观。在科学认知与民间认知融合呈现、生理体验与心理体验双重参与的背景下,"自然敬畏感"得以仪式化地建构与维系,并与"想象共同体"形成密不可分的交叠与重合,与此同时,Z世代青年群体通过"玩

---

  *　本文系国家社科基金项目"区块链赋能视角下环保微公益的创意及传播效果研究"(项目编号:20BXW118)的阶段性研究成果。感谢陈阿江教授对本文选题、思路所给予的宝贵建议,文责自负。

 **　孟伦,河海大学公共管理学院新闻与传播学系副教授、硕士生导师,研究方向为环境传播、乡村传播等;王喆,河海大学公共管理学院新闻与传播学系硕士研究生,研究方向为环境传播;任丽雪,河海大学公共管理学院讲师,研究方向为传播与社会发展。

梗"、话题接力与调侃戏谑等方式对敬畏行为进行娱乐化、狂欢化的内涵改造，以消解敬畏行为严肃性为代价，实现了世代内部的共同体想象。

关键词： 高温体验　想象共同体　自然敬畏感　媒介仪式

一　导言

传播并非指讯息在空中的扩散，而是指讯息在时间上对一个社会的维系。"传播的仪式观"告诉我们，除了传授、发送、扩散的视角，还可以从仪式的视角来理解传播，以往对于发送信息的行为的关注需要被引导至共享信仰的表现形式。在此认识论的基础上，凯瑟琳·贝尔（Catherine Bell）在《仪式的视角和维度》一书中提出了仪式（ritual）的六个特征，即形式化（formalism）、传统性（traditionalism）、不变（invariance）、规则主导（rule-governance）、神圣象征体系（sacred symbolism）和表演（performance），① 在此基础上凯瑞将其分类为"传播—神圣典礼""读报—弥撒仪式""寒暄式交流—仪式性行为"等传播与仪式之间的对应关系或同一性关系。②

随着陈力丹与郭建斌等学者将凯瑞的作品与思想引入国内，国内学界兴起了一批实证研究。③④ 一方面，许多学者关注特定重大媒介事件中的仪式建构，例如北京冬奥会、⑤⑥ 中国共产党成立一百周年、⑦ 纪

① Catherine Bell, *Ritual：Perspectives and Dimensions*, New York：Oxford University, 1997, p. 138.
② 詹姆斯·威廉·凯瑞：《作为文化的传播》，丁未译，北京：中国人民大学出版社，2019 年。
③ 陈力丹：《传播是信息的传递，还是一种仪式？——关于传播"传递观"与"仪式观"的讨论》，《国际新闻界》2008 年第 8 期。
④ 郭建斌：《媒介仪式中的"家 – 国"重构与游离——基于中国西南一个少数民族村庄田野调查的讨论》，《开放时代》2012 年第 5 期。
⑤ 李严、张健：《象征转化·仪式展演·互动景观：数字时代冬奥会开幕式的媒介仪式建构》，《中国电视》2022 年第 2 期。
⑥ 王袁欣、车梓晗：《技术与媒介的交融：北京冬奥会塑造国家形象路径研究》，《中国出版》2022 年第 22 期。
⑦ 常江、何仁亿：《数字时代的媒介仪式：解读建党一百周年全媒体传播实践》，《新闻界》2022 年第 2 期。

录片与电视节目①等；另一方面，部分学者在进一步探索日常生活中媒介仪式的作用机制与基本结构，例如王冰认为媒介仪式通过塑造不同的心理结构、知识结构和社会结构，调整了家庭的性质和成员间的关联。媒介仪式对女性在产育过程中的型构，一方面转换了其日常生活中的重要他人角色，形成信任和互助强关系，将媒介行为转为实质性的社会资本；另一方面使女性在性别分工中自我赋能，成为温柔而坚定的超级母亲。②

然而，这两种实证研究的取向分别关注"大"媒介事件与"小"媒介事件。"大"即研究对象与分析层次的宏观化，这种研究样态往往会导向一种对于事件主导者意图与仪式效果的分析，极易导致仅见社会之型，不见社会之意。凯瑞所强调的在时间上如何产生对社会维系的作用就被忽略掉了。③"小"其实是一种更具有探索意义的工作，例如王冰对于女性角色的分析，虽然是通过案例方法形成的分析材料，这种做法往往会面临案例代表性问题的质疑，但是不可忽视的是，以小见大得出的结论与发现对于探索"传播的仪式观"这一理论的边界更具趣味性与启发性。

本文选取川渝高温作为媒介事件。原因有三，首先，极端高温事件是一种自然事件，在此媒介事件中，各个社会主体之间的态度、行动、互动乃至对社会关系的继发都是在一种较为自然的状态下产生的。其次，气候事件是每个社会个体都可以感知的事件，实际上涉及多个群体，包括年龄群体的多样性与社会群体的多样性。最后，极端高温事件是一个可以"以小见大"的对象，通过分析人们如何参与并建构这个特殊的媒介仪式，我们可以窥见不同群体对于恶劣天气、环境保护等议题的潜在态度，并为后续的政策制定与社会引导提供一定的基础。

---

① 彭宇灏、陈临春：《总台春晚的媒介仪式建构与文化认同研究》，《电视研究》2022年第2期。
② 王冰：《关系的再生产：媒介仪式的日常结构及其作用机制》，《学术研究》2021年第12期。
③ 詹姆斯·威廉·凯瑞：《作为文化的传播》，丁未译，北京：中国人民大学出版社，2019年，第12页。

2022 年夏季,川渝一带出现了历史罕见的持续高温天气。最高温度达到了 45℃,突破历史极值 40℃ 的高温日数超过了 15 天,高温范围达到历史最广,高温综合强度达到有完整气象观测记录以来的历史最高水平。极端高温天气的发生本身就会引发当地居民在社交媒体上积极参与讨论,川渝地区也不例外。对此,本文通过新浪微博官方数据检索平台抓取高温期间(2022 年 7 月 1 日至 2022 年 8 月 31 日)重庆居民发布的相关主题微博信息。本研究将信源区域定位为重庆市、信源主体定位为微博个人账号进行数据挖掘,再经过手动数据清洗,筛选获得 23561 条重庆居民发布的重庆高温议题讨论微博。

基于对微博内容的挖掘与分析,本研究拟探讨的核心问题是:人们如何透过媒介仪式呈现和建构极端高温体验。具体包括:仪式建构过程中调用和组织了哪些符号信息,媒介仪式通过何种途径建构了怎样的生态观念,媒介仪式如何对现实世界中的话语体系进行唤醒与传承、消解与重构。此外,相似的生活经历、归属感、身份认同、共同理解等,都是诱发人们结成想象共同体的因素。[①] 共同体本身,就是不同阶级或群体从各自立场出发的"完全不同的感受与界定方式",而媒介是他们各自建构的关键场所。[②] 因此,本研究还将探讨极端灾害事件发生之时,哪些群体经由怎样的途径形成了想象共同体,形成的动因及影响如何。

二　符号遴选与自然敬畏感生成

传播过程是现实得以生产、维系的符号过程。[③] 欲了解微博传播如

---

① 陈龙:《转帖、书写互动与社交媒体的"议事共同体"重构》,《国际新闻界》2015 年第 10 期。

② 雷蒙·威廉斯:《文化与社会:1780 - 1950》,长春:吉林出版集团有限责任公司,2011 年,第 326~342 页。

③ 詹姆斯·威廉·凯瑞:《作为文化的传播》,丁未译,北京:中国人民大学出版社,2019 年,第 12 页。

何生产和维系了现实，首先需要了解媒介讨论中主要选取了哪些符号，以及这些符号内容以何种形式被组织编排起来。在此基础上，我们可以进一步探讨这些精心选取和组织编排的符号内容传达了人们怎样的高温感知与体验，这些感知与体验又如何建构了现实。

这里，我们先探讨符号的遴选具有哪些特点。人们利用微博讨论高温话题时，最常使用的符号有图片和表情包两类，这两类符号都将温度的身体感知进行了视觉转化，使得情绪传达更具象，更富冲击力和感染力。

（一）图片

重庆遭遇超高温天气，被誉为重庆"母亲河"的嘉陵江也出现了高温后河水干涸的现象。话题"#嘉陵江被晒干了#"成为热搜词条，人们纷纷加入这一话题的转发，并配以嘉陵江露出河床的画面，借助视觉冲击强调重庆酷暑的严峻程度。同时，将自我表达与群体表达相联系，"共饮一江水"的重庆人通过互动转发嘉陵江干涸的画面表达对他人处境的感同身受，接龙式的转发传达着彼此命运休戚相关的共识，嘉陵江干涸的图片成了唤醒重庆居民形成想象共同体的一种符号资源。

作为符号，嘉陵江对内可以凝聚同城居民，对外作为地标也可以成为重庆人标识自我并进行跨群体互动的符号资源。例如，在该热搜下，网友纷纷转发嘉陵江干涸的图片并配以文字"有没有人看到这个热搜词条会想到身在火炉的我"，同时@身在重庆之外的朋友，以期引发关注。可见转发嘉陵江干涸的图片成了引发社交话题的符号工具，这种符号为触发社交提供了契机，也强化了重庆人的共同体界定。

（二）表情包

表情包是图像性的，是一种具象性符号。① 表情包作为"具象"的

---

① 赵爽英、尧望：《表情·情绪·情节：网络表情符号的发展与演变》，《新闻界》2013年第20期。

拟像表情符号，以更加生动的姿态出现在社交媒体中。在高温天气的讨论中，社交媒体用户会频繁使用痛苦、迷茫、祈求的表情，这三类表情往往用于描述身体的极端痛苦、对极端高温灾害成因的费解以及依靠"神力"降温的祈求。

1. 对极端痛苦的描述

重庆居民往往叠加使用表示悲伤的表情包符号，凸显情感表达的强烈。

> @巧克力味儿的钰：老天爷我是真的求求你，快来一场雨吧😫😫😫😫老天爷呀，快给重庆下一场大雨吧，真的太热太干了😵

> @女主持人江豆201805：😭😭😭😭😭☹☹☹热死我了，老天爷啊，不带这样玩重庆的💔💔💔💔💔

> @15025338892zrr：老天爷你这是要了涪陵人民的命呀……这比灾难还可怕，你下一场暴雨吧……这样的火势要怎么灭？希望涪陵的小伙伴注意安全……😭😭😭

2. 对灾害成因的费解

当现有认知无法解释当前的灾害经历，人们对高温成因非常困惑、无法解释又充满疑问的时候，往往也倾向于叠加使用表情包进行具象表达。

> @佛祖渡我365天：为什么要这么对重庆，老天爷❓❓❓这也不是沙漠啊，热得要死。🙈🙈🙈

> @coniei：……今年重庆才这么热的吗？老天呀，这世界是怎么了？为什么重庆处于中间地带还这么热？

3. 对"神力"降温的祈求

祈求神圣力量解救重庆居民脱离高温的微博文本通常连续使用表示虔诚的仪式化动作表情包🙏，以表达情绪的强烈，还有部分求助会连续使用现代求生通用符号，表现高温体验的痛苦和对"神力"救援的急迫心情。

> @杨洋 de 心里只有我：人命关天的时刻，新浪你还降热搜了，这时候需要关注啊，求告上天老天爷你这是要了涪陵人民的命呀……这是什么劫难呀，这比灾难还可怕，你下一场暴雨吧……🙏🙏🙏🙏

上述表情包的使用往往伴随着对所谓"老天爷"呼唤的文本表达，以传达面对自然灾害的无助，以及对灾害成因的疑惑。"老天爷"作为人们头脑中想象的求告对象本身是不可见的，但人们对"老天爷"的祈求过程，往往倾向使用更具象化的表情符号来模拟痛哭流涕和俯身叩拜，强调愿望的真切和求助的虔诚。

三　符号编排与想象共同体构建

符号文本的表意实践基于组合与聚合两个关系向度展开，[1] 横向组合是符号的直接排列，纵向聚合则是比较隐形的存在。[2] 人们在对符号系统进行纵向聚合时往往选择对历史记忆进行追溯式的线性回顾。在这个过程中，人们不仅会结合自身生命历程中的经历，感慨当下高温体

---

① 赵毅衡：《符号学：原理与推演》（修订本），南京：南京大学出版社，2016 年，第 156 页。
② 胡超：《符号学视域下央视公益广告的叙事研究——以 2019 年央视春晚公益广告为例》，《传媒》2021 年第 14 期。

验的不同寻常,更会追溯人类历史的发展轨迹,慨叹气候变化乃至自然规律。纵向聚合是空间线上历时性的联想、聚合,横向组合是时间线上共时性的组合。① 在持续的极端高温体验下,社交媒体平台将同一时空下同处高温地区的人们联结并聚合,使其产生横向联系,形成身份的认同感。

(一) 线性追溯式的符号纵组合

1. 结合自身生命历程

通过对自身生命历程中其他高温体验的回顾和对比,人们更加认识到本次高温形势的严峻,以及人类在自然面前的无能为力,因此倾向于表达沮丧、哀怨的情绪,在整体上呈现较为负面的情感特征。

@狼崽爱吃鱼 999:从我出生开始,感觉今年真的热到顶了。

@不爱大饼只想摆烂:我人要🐘了,一出门就要热化,以前我上班都不打伞最近上班也开始打伞了。

@逻辑不清的杨大叔:这一次的重庆高温 60 年难遇,也是1961 年以来最大规模、最长时间的极端罕见高温现象,希望早点下雨!

@Rran–12:#重庆 51 条河流断流 24 座水库干涸#今年重庆真的太热了😭以前的夏天还能过,今年是热得感觉人被掏空了。

2. 追溯人类历史轨迹

有的网友将古代气温与古代环境状况纳入讨论,追溯人类的发展

---

① 费尔迪南·德·索绪尔:《普通语言学教程》,高名凯译,北京:商务印书馆,1980 年,第170～185 页。

历史与自然环境的变迁，将当下的遭遇置于历史时空中进行评估，引发人们对气候变迁乃至自然规律的感慨。同时，通过强化自然变迁的不可抗性和不确定性，唤醒人们对自然的敬畏之情。也在唤醒敬畏之情的同时，借助身份的认同，强化人类命运共同体的想象。

（二）　点状描摹式的符号横组合

1. 局内人相遇与浅层共鸣

数字媒体时代，人们逐渐脱离群体，但人类对互动的需求仍然存在，随着人与人信息交互的场所逐渐从现实空间转移至网络媒体，微博通过提供高温讨论平台，构建了群体聚集的可能方式，实现了虚拟化的共同在场。

高温议题把同处高温中的成都、上海、南京等城市共同纳入讨论空间，唤醒了人们基于灾害感知的共情与相遇体验，从对不同城市灾害体验的描摹和诉说中我们看到：在自然面前人类十分渺小，人们应当凝聚起来共同应对自然灾害的观念得以潜藏在符号背后，成为更深层次的内涵意指，心照不宣地形成共识。比如有网友将重庆高温与其他城市高温进行类比。

> @想钻进小凯哥哥的大衣：今年夏天到底有多热：重庆博物馆沥青被热化了；浙江网友走路上鞋底被热化了；上海网友在地上直接加热卤肥肠；杭州网友拿锅在外面无火煎牛排；无锡网友无火炒鸡蛋；武汉户外大屏直接显示51℃。

在极端高温发生时，人们往往进行高温地区的横向比照，有很多网友在"重庆退出四大火炉城市"的微博话题中进行热烈讨论，"究竟哪些城市更热"这个话题将高温城市群联系在一起。

> @－nasetalgreal－：也许以前我国的四大火炉城市是重庆、

武汉、南昌、南京，而且重庆是当之无愧的，是第 1 名。但从今年的天气变化来看，重庆要彻底凉凉了。虽然最近天气也有到达41℃左右，但之前西安的地表温度达到了 70℃，什么郑州、济南、石家庄，地表温度也在 66℃ 左右，相信以后的重庆会越来越凉快了。

当高温城市群中有地区摆脱了高温时，也会引起网友的横向比较，发出降温的请求。

> @bellis：隔壁的成都下雨了，我们也快了吧，每天都在祈福求雨。

也有网友谈到高温引发各行各业面临多重损失，通过横向联系，警示人们注意恶劣天气对不同人群的影响。不同人群在遭受相同困境时完成了身份认同感的建构。

> @依涵的指楠针：高温引发一系列的连锁反应想过吗？电线暴露在高温暴晒下，电力工人在高温下持续工作，经常检修，不然暴晒起火继续引发山火。消防员连着好几天扑灭山火。山火有风一吹，死灰复燃🐻家畜全部热死可能引发猪瘟啥的，地里菜干死看到能不心痛吗，农村人口少，人口不集中，停水停电也会优先农村。城市人口密度大，会优先保障城市大型机器运转。虽然坐在空调房里，但想到家里停水停电还是很难受，求求了，下雨吧。

可见，气温成了将不同城市联结在一起的媒介，在对共同议题的讨论中人们宣泄并释放了情绪，形成了一种彼此命运休戚相关的共同体意识。正如凯瑞的观点，互动仪式把传播看作创造、修改和转变一个共享文化的过程。① 发布者通过发起微博话题讨论，发表自己对高温的看法，实时产生云沟通、云互动。其他用户通过评论、转发、进入话题讨论等方式，表达自己的关注和声援，形成群体性的反馈。在群体性的虚拟在场中，通过扩大事件的影响，形成社会共识。

然而，这种横向联系有时候并不是发自一种命运相关的深层共鸣，而是将高温作为一个引发话题的由头，进行一场侧重趣味性的调侃接力。比如有网友发起微博讨论，引发多地网友的接力转发与戏谑调侃。屏幕前的体验是没有形成意义的"共鸣"，大概率只在脑中留下浅浅的记忆痕迹，也许更倾向于快速遗忘，深层记忆痕迹的缺席导致记忆时间是极短的。这也印证了此前学者提出的"媒介越具有集体性，其潜在或实际受众的规模越大，其再现就越不可能反映受众的集体记忆"。② 网络空间信息的快速流动促使人们在短时间内有更多接触，可以进行信息交换，但并没有建立泰勒所谓的有实质共鸣的关系。③

2. 局外人排斥与深层共鸣

国内高温城市在高温讨论中进行的横向联系往往包含与"难兄难弟"惺惺相惜的意味，而与国际高温城市的横向比较中往往隐藏着嘲讽与排斥。

> @艾莎的NOKK：看天气预报提前买空调会不会？在游泳池一直泡着会不会？去公共场所蹭空调会不会？……我们每个夏天40度以上天气至少30天，要是我们都……估计早就热死十几回了😂😱

---

① 詹姆斯·威廉·凯瑞：《作为文化的传播》，丁未译，北京：中国人民大学出版社，2019年，第18页。
② W. Kantsteiner, "Finding Meaning in Memory: A Methodological Critique of Collective Memory Studies," *History and Theory*, Vol. 41, No. 2, 2002, pp. 179 – 197.
③ 哈特穆特·罗萨：《新异化的诞生：社会加速批判理论大纲》，郑作彧译，上海：上海人民出版社，2018年。

可见，通过符号的横向组合，人们以高温讨论为契机关注不同群体的遭遇及表现，有认同的声音难免也就会有反对的声音，有相惜的声音同样也有排斥的声音。在多方虚拟在场的情境下，人们产生微妙的联系，看到与自己相同或者相悖的想法和立场，均会激起热烈的讨论。久而久之，通过群体间的虚拟聚集与互动，强化相同的声音，建立排斥局外人的屏障，通过狂欢化的方式，建立群体性的共鸣与排异，在此基础上，逐步建立起更强烈的共同认知与共通情感。整体而言，通过虚拟在场实现的同类群体聚集往往仅能够唤醒人们的浅层共鸣，而通过搭建排斥屏蔽局外人的屏障，同类群体间则更容易形成深层共鸣。

四 凝聚共识的自然敬畏祈祷仪式

个体只有在社会互动中才能获得认知、产生观念的雏形，并对自我体验进行定位，而这种唤起、建构、定位和传递观念的文化框架随着时间发生了渠道的位移。过去，自然敬畏感的传递以祖辈向晚辈言传身教为主。随着数字媒介的发展，熟人社会的交流方式逐渐被陌生人社会的交往方式所取代，不同辈分的代际交往机制严重缺位，老年叙事者口口相传的文化传承作用逐渐被削弱。今天的人们更倾向通过数字媒体进行发布与传递，实现文化观念的传承与再造。在重庆高温话题的分享中，微博便充当了这个角色，将传统社会中对自然敬畏感的表述和感悟，转变为公共空间的集体共享与互动，从而形成了一种基于共同价值观的仪式化网络狂欢。

(一) 共享祈祷仪式

微博话题"重庆退出火炉城市"成了重庆此次高温讨论中的热门话题，引发人们围绕此话题展开激烈讨论。在讨论中，人们共享高温体验，并通过高温体验的描摹共享个人生活的方方面面，包括对周围事物的看法。这种高温体验的互动有标准化的规则设计和特定的形态，[①] 这种规则设计使得人们关于自然敬畏的讨论成为一种仪式。仪式感的形成除了标准的规则设计和特定的形态之外，还需要一个标准的要素——仪式化的行动，在重庆高温的讨论中这种仪式化的行动集中表现为"祈祷"。人们在描述与分享痛苦体验的基础上产生了祈祷的行动，并通过转发进行祈祷接力，这不仅使得转发具有了仪式的周期性，同时还具备了仪式的无限重复性。具体来讲，"祈祷"的内容、情境、形式等具有以下特点。

1. 祈祷的内容

祈祷内容主要包括降温下雨、为弱势群体祈祷、为帮助应对灾难的行动者祈祷。

@雪阔乐198001：不想要专家操心，可以要个能呼风求雨的……热惨了，刮风下雨，要又大又狠的那种。

@一颗人间奶糖：求求地球对我们好一点，希望山火赶紧扑灭，不要有人员伤亡🙏🙏🙏。

@人见人爱的串串：求求了，赶紧下雨吧、几处同时起火、赶紧加派人手吧。祈祷没有人员伤亡，祈祷救火英雄们平安归来。

2. 祈祷的情境

在感到人力已经无法战胜困难的情况之下，人们往往转而求助"神力"。

---

① 王凤梅、王志霞：《凝聚与认同：民间信仰在村落共同体意识建构中的功能——基于对临沂大裕村送火神民俗仪式的考察》，《济南大学学报》（社会科学版）2021年第31期。

@普通网友布涂涂：天空万里无云人工降雨都不知道咋办，求求来一场雨救救川渝吧，求求了下雨吧。

3. 祈祷的许诺性

人们在祈祷的过程中往往强调如果祈祷能够"显灵"，将会通过保护环境来"还愿"。

@全国娱乐速报：保持用水的好习惯！求求降温吧；希望早点下雨！求求了！🎧🎧🎧号召大家从现在起节约用水用电，共同抗旱，从我做起！

@芦笋炒带子：以前一直觉得地球离"完蛋"还早，不觉得我们这一代人能受到多大影响，现在才觉得自己太无知了，祈求赶紧降温降水吧！如果能降温，以后一定要节约用电用水，不破坏环境！做点力所能及的小事情。

这种在线祈祷仪式相比于自然形态下的祈福仪式，受众范围跨越了阶层、年龄、身份，更加不受时空和人员在场的机会限制，在自然灾害面前，人们所表达的生命体验和诉求是共通的。陌生人间通过微博话题共享，形成了想象性的互动交往。网民基于身体体验的诉说充分调动了他人的心理参与感。在这一时刻，所有重庆人凝聚为一个共同体，人们的表达话语不同，但是祈祷灾害能够远离重庆的意念是共通的。在相同或相近话语的反复言说过程中，建构了一种共同参与的自然敬畏象征仪式，并将身份认同感推至顶峰。

（二） 共享敬畏与反思

1. 敬畏感的形成

灾害严峻程度的描摹是探讨自然问题最表层、最直观的特征，也是人们能够产生对自然问题关注的最重要的心理来源，在对自然敬畏的言说中，无论是转发还是原创，都将人在自然面前的渺小与无助作为阐释框架。

> @我晤我字vH：#重庆涪陵江北街道山火复燃#据说北山坪快失控了，希望老天赶紧下雨吧，人在灾难面前太渺小了，希望所有人都能平安🙏🙏#涪陵山火##重庆真的退出四大火炉城市了吗#。

与其说这是一种宣泄，不如说更像是对自然敬畏的表达；与其说是面向陌生的网民，不如说是代表了自我面向未知世界的一种祈求。极端高温的图片展示往往伴随对过去场景的回顾和对当下无可奈何的情绪，强调了自然环境巨大且不可抗拒的影响力，承认了人在自然面前的渺小无助，强化了对自然的敬畏之情。通过互动与转发，凝聚了更多人的关注并形成群体共识。

2. 反思感的形成

人们通过微博对极端气候灾害感知的诉说，在抒发自然敬畏感的同时，反思人类行为与自然环境关系的讨论也由此展开。微博叙事中的自然敬畏感与反思意识的建构，体现了传统社会中对自然充满敬畏并时刻反思的生活哲理。现代社会中人们往往感叹环境的巨变，并发出保护环境的忠告，通过描述史无前例的环境灾害，怀念过去、反思当下。微博在为人们提供情绪宣泄的渠道之时，也成功强化了对自然的敬畏感与对人类活动的反思。比如有网民既将对高温的讨论置于全球气温变化的历时性考察中，也对高温的产生原因进行了反思，认为高温来源于人类的贪婪与欲望，也来源于经济发展方式和能源治理中存在的问题。这种反思结合了科学认知与民间认知，得出的结论将自然敬畏感融入了科学环保的话语体系。

> @Prajna海立：地球村承载了因人类贪婪的"欲望"和愚昧无

知的行为而把它带向万劫不复深渊的境地。要构建深入人心的全球包容可持续发展的全新经济发展方式和全新能源治理结构以取代原有落后的社会经济发展模式,而这也即将开启人类历史新纪元,我们每个人都是其中的参与者、建设者、贡献者和获益者,正直、正心、正义、正念的高能量将引领人类迈进万象更新的新时代,关注内心的成长,体会情绪的疏解,提升能量的层次,致力内外兼修才是人类生存的常态!

通过本部分的讨论,我们发现,重庆居民通过媒介祈祷等仪式化行为,形成了共同关注的焦点——高温,并共享情感状态,产生相同的敬畏与反思。正如凯瑞所说,"传播是'最奇妙的',因为它是人类共处的基础所在;它产生社会联结,把人们连接在一起,并使相互共处的生活有了可能"。① 重庆居民通过媒介祈祷等仪式化行为在强调人类在自然面前渺小无助及对自然的敬畏之情的同时,通过互动与转发,寻求更多人的关注并形成群体共识。更重要的是,在形成敬畏感的基础上,人们形成了对人类行为的反思,这种反思基于一种人类命运休戚与共的共同体认知:人类共同面对自然灾害,在面对灾害的过程中是不可分割的共同体。在这里,自然敬畏感与想象的共同体实现了交汇与统一,并可能通过反思人类破坏环境的行为后果形成环保意识,甚至激发环保行动。

五 自然敬畏感的唤醒传承与共同体维系

通过对微博讨论的梳理,我们希望探讨对极端气候灾害的体验在多大程度上唤醒了人们自然敬畏感,以及回溯和调用怎样的话语将有助于唤醒与传承自然敬畏感,唤醒与传承的过程是怎样的。我们发现:

---

① 詹姆斯·威廉·凯瑞:《作为文化的传播》,丁未译,北京:中国人民大学出版社,2019 年,第 21 页。

经历过极端自然灾害之后，很多网民表示将选择环保生活方式，尊重自然，低碳生活。有趣的是，这种行动意向的产生来源于两种截然不同的话语体系引发的价值判断。

（一） 科学主义话语体系

科学主义话语体系提示人们极端灾害发生的原因是人们破坏臭氧层导致气候变暖等全球气候变化。基于这种认知，人们产生了低碳生活、节约用电等环保行动意愿。

@抱走八妹_：节约资源保护环境，节约用水用电很重要，真的等灾难来临时就晓得着急了，大家真的要提前开始做环保，提前保护自己的家园。这个夏天，我们经历了高温、干旱、缺电、山火……更经历了团结和感动。61年来最高温逐渐退散，永远不应忘记2022年的这个夏天，每一度电都来之不易，每一滴水都是地球馈赠。敬畏生命，关爱自然，一起守护我们共同的家园！

@王莉75385：看到家乡的停电消息，真的有点揪心，其实我们早就应该限电！灯火辉煌固然好看，但是长期的不节制用电，对大自然、对我们的环境造成的伤害是不可逆的，低碳环保意识希望越来越多的人重视起来！随手关灯、少吹空调、骑车步行都是在给我们的社会做贡献！希望大家一起限电！你省一度我省一度，咱们人多，足以成江海。

（二） 自然人格化话语体系

除了科学主义话语体系外，环保理念的产生还有可能源于民间自然人格化的话语体系。极端天气是人类遭受的惩罚等观念，推动人们产生环保意愿与环保行动。自然有行动意识的观点话语体系将自然变迁赋予上天有意对人类进行惩罚的话语符号。基于这种认知框架，人们试图通过敬畏自然、保护环境的方式改变自然对人类进行惩罚的决定，最终促进人与自然和谐共生。

> @秘密坚果：又被热醒的一晚，热醒的心情真的很烦躁。回想昨天所到的每一处，很像以前看《一九四二》时的感受，自然在暴怒，人们在挣扎。

> @梓瑜茗壶阁13637910107：人类在大自然面前真的好渺小，不加节制地索取终究是要付出代价的；大自然的力量是需要敬畏的，人类的适应能力也是不容小觑的，当下所受，皆是为过去暴虐对待地球生灵的赎罪，以后我们把自来水管前面那一截天然"热水"装起来吧，凉了浇浇花、拖个地也是不错的，生猛一点的直接洗个免费热水澡也没啥不可以滴，直接实现水电气三项节能；减少或尽量不开启不必要、不急用的电子设备。

我国民间的自然敬畏与崇拜主要通过民间文艺、禁忌规约、祈祷仪式等发挥其生态效力。① 这些特征在微博高温讨论中得到了继承和发展。

首先表现为对民间文艺的回溯。人们在面临高温或山火等极度无助的情况下普遍会提到"老天""上天"等意象。这种自然敬畏观念并不是在网络空间中自发生成的，而是对广泛存在于我国民众日常生活中的民间文化元素的继承。民间文化与网络话语传达的共同特点是：为自然赋予意识。这种观念的产生源于人们秉持"万物有灵"的信念，将自然界万物进行人格化，认为万物发生都有其内在规律。

其次表现为对禁忌规约的强调。人类在自然面前力量是微弱的。由

---

① 古开弼：《民间规约在历代自然生态与资源保护活动中的文化传承》，《北京林业大学学报》（社会科学版）2004 年第 3 期。

此产生了许多自然禁忌和规约，例如，降水不再是自然界的客观现象，而是神意的表达，高温干旱是人类行为不当而受到的惩罚。禁忌规约对如何避免惩罚也提出了解决措施：如果能够承认自身在自然面前的微不足道，改变人为改造自然的想法，转而尊重自然规律，人将会得到上天的保佑，因此人类理应遵守规矩、敬畏自然、保护环境。

再次表现为对祈祷仪式的传承。传统社会中的自然祭祀有不同的形式，但普遍包括呼喊、膜拜等基本内容，人们在这个过程中往往投入比较强烈的情绪和虔诚的意识，并选择一个特定地点进行祈祷活动，比如在萨满教中，敖包被视为神灵与所在地汇合之处；侗族人选择在水井边开展祭祀活动，祈求神灵出于对人们的爱，以及对困境的怜悯能够满足人们的需求。

而借助微博话语和符号建构的媒介仪式同样包含民间自然崇拜仪式的几个关键要素，人们会通过描述自身的困境，辅以悲伤、痛苦等表情包，展示困境中人们生存的艰难程度，并祈求自然崇拜的主体，同时人们会通过表情包来体现心情，并且在此过程中连用少则三个，多则几行的感叹号来表达这种祈求的情绪真挚和愿望迫切。与传统祈祷不同的是，地点由敖包、水井等现实场景转向微博这一虚拟社交平台，身体行动也改为采用网络表情包等符号进行虚拟化表达。

基于对自然敬畏感的传承，人们不仅产生了保护环境的行动意愿，也产生了人与人之间守望相助的行动意愿。人们在祈愿过程中多谈及在灾害中无辜受难的老人、奋不顾身的消防员、勤恳劳动的户外工作者等，以及其他素昧平生却共患难的重庆市民。透过对他人命运的关注和悲悯，人们形成了精神上的赎罪和豁免。

　　@我们想以在什么地方：上天给了我怜悯众生的心，却没有给我普度众生的能力！

　　@我们想以在什么地方：正因为我享受着别人用血用命换来

的低温，我才会在无人之地发声！

> @Sartre_apricot：今夜我为重庆而失眠。希望上天再多多眷顾我的城市一些吧。这个夏天真的好揪心啊。连续二十几天的43度多，嘉陵江都早到见底。

以自然崇拜为代表的民间信仰是社会建构的产物，又反过来对社会认知、行为和规范具有建构作用。这种以自然崇拜为代表的民间信仰随着时代的发展并没有被人们完全抛弃，仍然深藏于中国人的文化基因中，在以微博为载体的媒介环境中进行了一番表达方式的重新建构，发挥了对社会认知的维系和再造作用。在这里，人与人之间守望相助的行动以及通过悲悯他人实现救赎和豁免的行动是密不可分的一体两面。我们可以看到，想象共同体与自然敬畏感又一次紧密联系在了一起。

六　自然敬畏的调侃消解与共同体重组

在共同体的形成过程中，除了集体记忆的作用之外，对于"他者"的描述也是必不可少的。"我们"是一个想象共同体的身份认同，是相对于"他者"的差异性认知而言的，在差异中自我意识得到进一步强化。[①]　在重庆高温这一议题中，对于"他者"的描述主要体现在：网友对自然敬畏的表达并非完全遵从传统社会的万物有灵论，也不完全遵从科学主义话语体系，而是呈现两种截然不同的形式。一种如上文所述，将自然意志人格化的同时，通过祈祷、膜拜的方式强调虔诚的心愿。另外一种仍然将自然人格化，虽然也以祈祷的方式呈现，但这种祈祷并非出于虔诚的心愿，而是通过娱乐的方式进行狂欢化的表达，以此

---

① 李华君、窦聪颖、滕姗姗：《抗战胜利70周年阅兵仪式的象征符号、阈限和国家认同建构》，《新闻大学》2016年第2期。

引发关注与互动。人们通过媒介仪式唤醒和传承了自然敬畏感的同时，也打破了已有的话语体系，重组了新的话语体系，并由此建构了Z世代共享身份的认同感。自然与环保这个被广泛关注的议题背后的共同情感诉求，借助社交媒体的云端互动将现实中的"陌生人"建构成有身份认同感的"共同体"。

在本次重庆高温的微博讨论中，人们同样会用"求求了……"的语句以及拜谢的表情包，但与上文中提到的对"老天爷"的祈求不同的是，这里"玩儿梗"的娱乐诉求超越了求雨的实质诉求。在狂欢中人们既形成了分享同一话题梗的"我们"体系，又形成了不自觉的心理参与感和情感共鸣。共享的情感体验能够产生文化认同，[①] 而文化认同能够唤醒人们潜意识当中的身份认同感。

在凯瑞"仪式观"的理论体系中，参与性是一个重要内涵。共享成为传播成功与否的重要参考。[②] 微博高温讨论能否完成并引发关注，往往受到人们转发的内容是否具有话题性的影响，因此引入明星的话题梗有助于使共享该语境的青年群体产生共鸣，在戏仿式转发中营造狂欢情境。

狂欢感的形成往往依赖于反差感的存在。[③] 人们不仅通过"神化"明星人物来制造反差，还通过调侃"老天爷"来制造反差，或是将大自然拟人化，透过对神圣意义的消解来创造娱乐性话题，引发关注和大量转发。

　　@爱吃酱油拌饭的安：#重庆真的退出四大火炉城市了吗#不要再说了，天天说我们退出，让分管重庆的老天爷很没面子，哦，这

① 周凯、张燕：《仪式观视阈下非遗旅游文化传播的功能与路径》，《山东大学学报》（哲学社会科学版）2022年第4期。
② 詹姆斯·威廉·凯瑞：《作为文化的传播》，丁未译，北京：中国人民大学出版社，2019年，第21页。
③ 刘俊：《数字空间中视听内容的"反差式"传播特质》，《青年记者》2022年第16期。

哈哎咦老，直接让我们炼丹升仙！

@哆锐咪伐嗦喇熹垛：老天爷你蒽是发烧了哇？要不要给你两颗退烧药化成水给你泼起切？

@陈年老酒日记：重庆火炉的荣誉，也根本不用誓死捍卫，老天爷自会加持！印象中，夏日重庆，主城天气预报超过40℃的，一般不多。但今年不一样了，老天爷动不动就搞优惠，上了40℃，另还加料四五度。

@洋芋姜饼人：嘉陵江：我干了，你随意。嘉陵江：大家好！重新认识一下，我叫嘉陵工

当然，对严肃话题的娱乐化表达也被很多网民所诟病，有网友表达了对娱乐化灾难的拒绝。

@您看我欧吗：#重庆人被确诊为华妃#这个词条说重庆人就像电视剧《甄嬛传》里的华妃一样，吃啥都不香，情绪不稳定。好像在娱乐化一场灾难，现在家里的老人都晚上出去收稻谷，乡下停电都基本上一整天一整天停，我家在川东，因为紧临重庆，高温都在40℃以上了……这个夏天，川渝人民已经过得很不容易了。用娱乐化的表达真的很不礼貌。

虽然娱乐化的表达引发了部分网民的反对，但对反对本身的大量转发也扩大了这种娱乐化表达的影响范围。质疑的声浪在某种程度上增强了娱乐化调侃方式的影响力，也在赞同与反对的两个群体间牢筑了身份认同感。通过社交媒体娱乐化表达自然与环保主题，Z世代实现了新的身份认同感的建构。

七　结语

本文通过抓取2022年重庆居民发布的高温讨论微博文本，探讨了重庆地区的微博用户在高温话题的讨论中如何呈现他们的高温体验，分析发现，微博用户通过对图片、表情包等符号进行横纵交错的组合编排，将对气候变化的科学认知与民间认知融合呈现。在极端天气的影响下，重庆居民环保意识、环保观念初具雏形。最终，在参与者生理和心理的双重参与下，在对极端高温的调侃与消解过程中"自然敬畏感"得以仪式化地建构、维系和发展。

更重要的是，在形成敬畏感的基础上，人们开始了对人类行为的反思，这种反思基于一种人类命运休戚与共的共同体认知：人类不仅要共同遭受自然灾害的影响，在面对灾害的过程中也同样彼此不可分割。过往研究普遍认为，媒介仪式具有构建想象共同体的作用。媒介通过仪式化的活动，使受众产生强烈的参与感、认同感，从而达成想象的共同体。[①] 本研究认为媒介仪式通过强化共同的气候灾害经历，唤起情绪共鸣逐渐推动了身份认同感和自然敬畏感的形成。可以说，想象共同体的构建，源于相似经历、情绪共鸣、身份认同与共同理解的共同作用。

更进一步的，我们还需要探讨不同的身份认同与人们形成的自然敬畏感存在怎样的关联这一问题，正如威廉斯所说："共同体本身，就是不同阶级或群体从各自立场出发的完全不同的感受与界定方式，而媒介是他们各自建构的关键场所。"[②] 结合微博文本的分析，我们发现不同群体基于差异化的身份认同对自然敬畏产生的理解存在差异。将个体定位为重庆人的身份认同，通过排斥其他高温城市受灾人群，更容

---

① 刘建明：《传播学研究中仪式概念社会意义的理想化及其消解》，《新闻与传播评论》2016年第1期。

② 雷蒙·威廉斯：《文化与社会：1780-1950》，高晓玲译，长春：吉林出版集团有限责任公司，2011年，第326~342页。

易形成局内人的共同体意识，形成的自然敬畏感更多指向祈祷"神仙显灵"和呼吁节能、节电的具体环保行动。当人们将自己定位为历史时空中渺小的人类一员时，自然敬畏感则表现为守望相助，呼吁人类善待自然。当人们将个体定位为 Z 世代"玩儿梗青年"时，则更容易产生消解自然敬畏感的娱乐化、狂欢化表达，强化群体认同。历史长河中自然变迁的信息传播也有助于人们形成全球人类命运休戚与共的共同体想象，更容易形成自然敬畏感与更广泛的环保行为。同时，我们应该警惕传统民间文化的娱乐化倾向，这有可能导致传统文化社会规约作用的消解。但我们应该承认网络媒体中的仪式化表达作为对传统仪式的继承和发展，可以起到凝聚人心与传递价值的作用，潜藏着不可忽视的生态保护意义。未来的研究可以进一步探讨如何以极端灾害的发生为契机，利用社交媒体的仪式化功能，促进环保理念和环保行为的生成。

燃料消耗与古代华北冶铁业的兴衰[*]

赵九洲[**]

摘　要：自上古以迄宋代，华北地区的冶铁业一直很发达，处于全国领先水平。金元以降，冶铁业竟急剧衰落，在产业结构中不复占据重要地位。关于华北冶铁业衰落的原因何在，历来众说纷纭。冶铁业是典型的高能耗产业，宋以后华北地区燃料危机日趋严重，限制了冶铁业的生产规模，而煤普遍用作冶铁燃料又严重影响了铁的品质，于是华北冶铁业就渐趋衰微了。

关键词：燃料消耗　冶铁业　燃料危机

一　上古至中古华北冶铁业发展状况

就目前的考古发掘情况来看，华北地区最早开始冶铁当是在战国早期。段红梅依据 1954～2000 年的主要考古类期刊、考古学会论文集、考古学年鉴等材料，对各地出土的先秦时期铁器数量进行了全面统计，指出在河北省共发现公元前 5 世纪以前的铁器 11 件，在全国诸省区中排第 7 位；河北省发现公元前 3 世纪以前的铁器 373 件，在全国排第 5 位。[①]

---

* 本文为国家社会科学基金重点项目"宋元明清时期华北燃料变革研究"（项目编号：22AZS 008）的阶段性成果。

** 赵九洲，青岛大学历史学院教授，主要学术方向为环境史、能源史等。

① 段红梅：《三晋地区出土战国铁器的调查与研究》，北京科技大学博士学位论文，2001 年。关于冶铁起源的问题，有金家广《中国古代开始冶铁问题刍议》，《河北大学学报》（哲学社会科学版）1985 年第 3 期；孙危《中国早期冶铁相关问题小考》，《考古与文物》2009 年第 1 期。两者均对学界相关研究有详细梳理，读者可以参看。诸多相关文章不再一一列举。

若计入河南、山东的黄河以北部分地区，则发现的铁器数量还要更多。较典型者，如 1950～1951 年在河南辉县固围村发掘的 5 座魏墓中出土了铁器 56 件，1955 年在河北省石家庄市庄村赵国遗址中出土了铁器 47 件，1955 年还在河北兴隆古洞沟出土 87 件铁器。[①] 关于冶铁作坊，河北易县燕下都遗址中就发现了冶铁遗址 3 处，总面积可达 30 万平方米。[②] 此外，河北兴隆古洞沟也发现 2 处古铁矿矿井。另据《史记》记载，邯郸人郭纵以冶铁致富，财富可与王者相比，赵国卓氏以冶铁致富，入秦迁蜀又靠冶铁成巨富，则邯郸亦为战国后期重要的冶铁中心。可见，华北地区冶铁技术最早出现于春秋晚期或战国初期，至战国中晚期而兴盛，与全国大致同步。

至汉代，华北地区的冶铁规模有了进一步的发展。1968 年，河北满城汉墓出土了 606 件铁器。[③] 1974～1975 年，北京西南郊郭公庄附近的大葆台汉墓出土铁器共 37 件。[④] 此外，河北定州市北庄、鹿泉市高庄、石家庄市等地的汉代诸侯王墓中也均有铁器出土。华北地区汉代设置铁官之处颇多，如河南有隆虑（今林州市），河北有武安（今武安市西南）、蒲吾（今平山县东南）、都乡（今井陉县西）、涿县（今涿州）、夕阳（今滦县南）、北平（今满城县北），北京有渔阳（今密云县西南），山东的千乘（今博兴县西），则其时全国的 49 处铁官仅华北就占了将近 1/5。冶铁遗址存留也甚多，仅河南就有林州市正阳县、鹤壁市故县、淇县付庄、温县西招贤等处。[⑤] 据文献记载，西汉时"赵国以冶

① 中国科学院考古研究所：《辉县发掘报告》，北京：科学出版社，1956 年；雷从云：《战国铁农具的考古发现及其意义》，《考古》1980 年第 3 期。

② 河北省文物研究所：《燕下都》，北京：文物出版社，1996 年。

③ 中国社会科学院考古研究所、河北省文物管理处：《满城汉墓发掘报告》，北京：文物出版社，1980 年。

④ 大葆台汉墓发掘组、中国社会科学院考古研究所：《北京大葆台汉墓》，北京：文物出版社，1989 年。

⑤ 李京华：《汉代铁农器铭文试释》，载李京华《中原古代冶金技术研究》，郑州：中州古籍出版社，1994 年。

铸为业"，① 可见华北南部的冶铁业很发达。秦汉时期块炼铁、块炼铁渗碳钢、生铁、铸铁、炒钢、淬火、冷加工等技术都得到了广泛应用。

日本学者对中国汉代冶铁的评价较高，如桑原隲藏即指出：

> 自古以来中国产铁很多，铁的炼制法也在进步。《史记·货殖列传》中可以看到以铁致富的人很多。张骞在西域还看到不知道铁的国家，好像是和中国交通以后，他们才知道用铁。中国铁品质优良，公元一世纪时，通过波斯直运到罗马市场出售。在那里价钱最高的是 Serico-forro（中国铁），而波斯铁则居于次位。②

魏晋时期，华北地区动荡不安，冶铁业遭受重创，铁器非常缺乏，史载："（魏武帝）乃定甲子科，犯钺左右趾者易以木械，是时乏铁，故易以木焉。"③ 至北朝时期，冶铁业又有所恢复，北魏相州的冶铁作坊牵口冶（今河南浚县北十八里之牵城）极为有名，"其铸铁为农器、兵刃，在所有之，然以相州牵口冶为工，故常炼锻为刀，送于武库"。④ 北齐綦母怀文将灌钢法进一步发展，炼制钢刀时"浴以五牲之溺，淬以五牲之脂"，大大提高了刀的刚性与强度，此外苏钢法也有大发展。关于这一时期华北特别是邺城、襄国（今河北邢台）冶铁业之发达，日本学者宫崎市定曾有精辟的分析，摘引如下：

> 关于相州（邺）和襄国的铁工业，是北朝以后的记载，它的起源恐怕是从三国开始的。因为，曹操当了汉相封为魏王掌握实权时建都的地方是邺，五胡十六国时代的石勒定都于襄国，以后这两

---

① 《汉书》卷59《张汤传》，北京：中华书局，1965年，第2643页。
② 桑原隲藏：《大正十二年度东洋史普通讲义》，载宫崎市定《宫崎市定论文选集》（上卷），中国科学院历史研究所翻译组译，北京：商务印书馆，1963年，第201页。该文原载《史林》第40卷第6期，1957年11月。
③ 《晋书》卷30《刑法志》，北京：中华书局，1974年，第922页。
④ （北齐）魏收：《魏书》卷110《食货志六》，北京：中华书局，1974年，第2857页。

个都市在南北朝时期，若非华北的国都即是华北的重镇，我想这一定和铁工业有关系。虽然可以这样推测：因为它们是国都或重镇，所以铁工业繁荣昌盛；但也可以这样想：因为铁工业昌盛以及它们具备铁工业昌盛的条件，所以才能被作为首都，成为重镇。[①]

值得注意的是，宫崎所强调的邺城、襄国地区，此后直到明清都为华北重要的钢铁产区。

据《新唐书·食货志》记载，唐代河北道5州7县产铁，为全国较重要的钢铁产区。

至宋代，华北冶铁业更为兴盛。据《文献通考》记载，宋初全国有四铁监，华北居其一，为相州利成监；全国二十务，华北居其一，为磁州务。此外，邢州也为重要的铁产地。[②] 单从监、务所占的比例来看，华北地区似乎不占优势，但仔细核对各地之产量，即可发现河北冶铁业之发达，现将《宋会要辑稿》中的材料整理如表1所示。

表1　北宋时期各地上缴铁情况一览

单位：斤

州	原额	元丰元年数额
相州沙河县冶务	0	0
磁州武安县固镇冶务	1814261	1971001
邢州棋村冶	1716413	2173201
登州	2655	3775
莱州莱阳县冶	4800	4290
徐州利国监	300000	308000
兖州	396000	242000

---

① 宫崎市定：《中国的铁》，载宫崎市定《宫崎市定论文选集》（上卷），中国科学院历史研究所翻译组译，北京：商务印书馆，1963年，第201页。该文原载《史林》第40卷第6期，1957年11月。

② （元）马端临：《文献通考》卷18《征榷五》，北京：中华书局，1986年，考179上、考179中。

续表

州	原额	元丰元年数额
邓州长安坑、粟平冶炼	69360	84410
虢州诸冶	139050	155850
陕州	13000	13000
凤翔府	40560	48248
凤州梁泉县冶	36820	36820
晋州	569776	30098
威胜军	158506	228286
信州	3133	3133
虔州	0	0
袁州	41593	41593
兴国军大冶县磁湖冶务	88888	59215
道州江华县镇头坑	504	504
荣州	300	295
资州	6706	7254
建州	500	3400
南剑州	15179	13350
汀州管熟务	9000	9000
邵武军光泽县新安场、邵武县万德场	6902	6902
惠州	6128	6128
韶州	1500	1800
端州	1404	1410
英州	43493	43493
融州古带坑场	400	860
合计	5486831	5497316

注：①记载中的原总额为5482770斤，元丰元年总额为5501097斤，与分项合计不一致，或是有些州的数字缺载、错讹所致。②相州沙河县冶务与虔州的数字失载，合计数字是都以0计，实际数字已不可考。③磁州武安县固镇冶务的原额铁产量占全国的33.066%，元丰元年占全国的35.854%。邢州棋村冶原额铁产量占全国的31.282%，元丰元年占39.532%

资料来源：（清）徐松辑《宋会要辑稿》第137册，食货33之12至14，北京：中华书局，1957年，第5380~5381页。

据表1可知，元丰元年之前，仅固镇与棋村两个冶务所上缴的铁重量即占全国的64.348%，而元丰元年更是占了全国的75.386%。而这还没计入相州沙河县冶务的上缴铁数量，沙河自古即为重要的铁产地，其产量颇为可观。若计入沙河的话，元丰以前仅华北三地上缴铁数量极可能占全国的七成以上，元丰元年更可能占全国的八成以上。这还只是上缴官府的铁的数量，民间冶铁量更不知凡几。周世德认为宋代年产铁3000万斤以上，梁方仲认为这是根据铁课税额折算出来的，其折算比例大致是20%。[①] 若据之折算华北的铁产量，当在2000万斤以上。这一数据或许并不可靠，但宋代华北冶铁业规模傲视全国自无疑问。

关于宋代钢铁产量，国外学者也有较多研究，日本学者日野开三郎认为当在2500~5000吨。[②] 罗伯特·哈特等人的估测值则要高很多，他指出"由于铁币、钢铁武器、农具、盐锅、钉子、船锚和盔甲等需要的刺激，北宋的矿和炼铁厂所产的铁，很可能比十九世纪以前中国历史中的任何时期都要多"，"到一〇七八年（宋神宗元丰元年），每年生产约达七万五千吨至十五万吨，此数是通常引用的二十倍到四十倍"。[③] 这一估测值相当于17世纪英格兰与威尔士铁产量的2.5~5.0倍，也接近于18世纪初整个欧洲的铁产量。吉田光邦的估测值比哈特威尔低很多，但仍比日野高很多，初步认定为30000吨，后又修改为35000吨甚或40000吨。[④] 若据之折算，则华北地区的铁产量数额更为巨大。

宋代华北不仅冶铁规模庞大，冶铁技术也极为先进。沈括至磁州观看百炼钢，方知道何为真正高质量的钢，他称：

[①] 周世德：《我国冶炼钢铁的历史》，《人民日报》1958年11月22日，第7版。梁方仲：《元代中国手工业生产的发展》，载《梁方仲经济史论文集》，北京：中华书局，1989年，第659页。梁氏认为周氏的数据取宋代铁课税额最高一年的数字"用百分之五的课税率折算得来"则是错误的，治平年间的铁课数字为8241000斤，若以5%折算，总产量应该在1.6亿斤以上。据杨宽的考究，宋元时代铁课税率当为20%。

[②] 日野开三郎「北宋時代に於ける銅、鉄の産出額に就いて」『東洋学報』22（1）、1934；日野开三郎「北宋時代に於ける銅鉄銭の需給に就いて」『歴史学研究』6、1936.

[③] 罗伯特·哈特威尔著，杨品泉摘译《北宋时期中国煤铁工业的革命》，《中国史研究动态》1981年第5期，原载《亚洲研究杂志》1962年2月号。笔者按，罗伯特·哈特威尔即郝若贝。

[④] 吉田光邦：《关于宋代的铁》，载刘文俊主编《日本学者研究中国史论著选译》（第十卷），黄约瑟译，北京：中华书局，1992年，第194、195、197页。原载《中国科学技术史论集》，日本放送出版协会，1972年。

世间锻铁所谓钢铁者，用柔铁屈盘之。乃以生铁陷其间。泥封炼之。锻令相入，谓之团钢，亦谓之灌钢。此乃伪钢耳。暂生铁以为坚，二三炼则生铁自熟，仍是柔铁。然而天下莫以为非者，盖未识真钢耳。予出使至磁州锻坊，观炼铁，方识真钢。凡铁之有钢者，如面中有筋，濯尽柔面，则面筋乃见。炼钢亦然，但取精铁锻之百余火，每锻称之。一锻一轻，至累锻而斤两不减。则纯钢也，虽百炼不耗矣。此乃铁之精纯者，其色清明，磨莹之，则黯然青且黑，与常铁迥异。亦有炼之至尽而全无钢者，皆系地之所产。①

可见其时华北的炼钢技术亦处于全国领先水平，杨宽依据《宋史·食货志》中商、虢两州民众不熟悉冶铁事业而需要到南方募善工冶铁的记载以及半数以上冶铁地点位于南方的事实，即断言南方冶铁技术水平已远胜北方，显然是有失偏颇的。② 至少，华北地区的情形并非如此。

宋以后全国的冶铁业仍在继续发展，而华北地区却开始走向没落。元代华北地区的铁冶仍较多，据梁方仲考证，有顺德、广平、彰德等处提举司，领8冶；檀、景提举司，领7冶。当时的铁产量仍很可观，仅燕北、燕南两个区域就有大小铁冶17处，"约用煽炼人户三万有余，周岁可煽课铁一千六百余万"。③ 但当时铁之产量及铁课数额均已远不及南方地区，其时铁课数额以湖广、江浙、江西为最多。④

至明代，全国的冶铁业又有了极大发展，但华北地区的冶铁业则进一步没落。据《大明会典》记载，明洪武七年置十三大铁冶，江西三

① （宋）沈括：《梦溪笔谈全译》卷3《辩证一》，胡道静、金良年、胡小静译，贵州：贵州人民出版社，1998年，第93～94页。
② 杨宽：《中国古代冶铁技术发展史》，上海：上海人民出版社，2004年，第155页。
③ （元）王恽：《便民三十五事》，载《王恽全集汇校》，杨亮、钟彦飞点校，北京：中华书局，2013年，第3718页。
④ 梁方仲：《元代中国手工业生产的发展》，载《梁方仲经济史论文集》，北京：中华书局，1989年，第659～665页。燕北、燕南铁冶的记载见于王恽所上奏疏《便民三十五事疏》，载王恽《秋涧集》卷九十，《景印摛藻堂四库全书荟要》第401册。

个，湖广两个，山东一个，广东一个，陕西一个，山西五个。其中山东的铁冶位于莱芜，华北地区竟无一上榜。至永乐年间始设置遵化铁冶，供应北京的钢铁需求。洪武初年规定各省铁课总数为18475026斤，北平仅有351241斤，占全国的1.9%。此外河南全省718336斤，山东全省3152187斤，山东的黄河以北地区冶铁业不发达，河南的黄河以北地区冶铁业则很发达，但纵然将河南铁课数额的一半计入华北，华北占全国的比重也超不过4%，这与宋代有天壤之别。永乐以后的遵化铁冶虽然较为重要，但正德四年的巅峰产量生熟铁与钢铁合计也不过70.6万斤，而一般情况下都只有30万~40万斤，与宋代武安县固镇冶务与邢州棋村冶的产量相比仍有较大差距。①

明代华北的冶铁技术更不足道，南方福建、广东两省的熟铁和钢则以其优良品质而蜚声全国。称许闽铁优良者颇多，如茅元仪说："制威远炮须用闽铁，晋铁次之。"② 赵士祯也提到"制铳须用福建铁，他铁性燥，不可用"。③ 方以智则指出："南方以闽铁为上，广铁次之，楚铁止可作锄。"④ 称许广铁优良者也不少，唐顺之称："生铁出广东、福建，火熔则化，如金、银、铜、锡之流走，今人鼓铸以为锅鼎之类是也。出自广者精，出自福者粗，故售广铁则加价，福铁则减价。"⑤ 李时珍有"以广铁为良"之评语，⑥ 屈大均亦有"铁莫良于广铁"之赞许。⑦ 陈赟所撰写之佛山《祖庙灵应祠碑记》中即有"工擅炉冶巧，四

---

① （明）申时行等：《大明会典》卷一百九十四《工部十四·窑冶》，《续修四库全书》第792册，上海：上海古籍出版社，2002年，第338~339页。

② （明）茅元仪：《武备志》卷119《军资乘·火一》，台北：华世出版社，1984年，第4892页。

③ （明）赵士祯：《神器谱》卷4《说铳》，载《龙门集·神器谱》合编本，蔡克骄点校，上海：上海社会科学院出版社，2006年，第430页。

④ （清）方以智：《物理小识》卷7《金石类》，《万有文库》本，上海：商务印书馆，1937年，第167页。

⑤ （明）唐顺之：《武编》前集卷5，载陈国勇主编《中华古典文学丛书》，广州：广州出版社，2003年，第222页。

⑥ （明）李时珍：《本草纲目》卷八《金石部·铁》，味古斋重校刻本。

⑦ （清）屈大均：《广东新语》卷十五，清康熙刻本。

方商贩辐辏焉"，① 霍与瑕亦称"两广铁货所都，七省需焉。每岁浙、直、湖、湘客人腰缠过梅岭者数十万，皆置铁货而北"。② 此种情形亦与华北大不相同。③

二 冶铁业中的燃料消耗

钢铁的炼制与捶锻过程需要不断加热，维持极高的温度，故而冶铁业的燃料消耗量极为巨大。

据宋应星记载，炼制生铁、炒熟铁、锻钢等工艺过程均要消耗大量燃料，而燃料的种类则"或用硬木柴，或用煤炭，或用木炭，南北各从利便"。④

木柴、木炭皆可以在炼铁过程中使用，而木柴的效果远不如木炭理想。木柴含碳量较低，燃烧不持久，而木炭含碳量最高可达93%。⑤ 同时，木炭通过加热处理之后，各种杂质含量大大降低，从而可以确保钢铁拥有较高的品质。所以在早期，冶炼过程中更多使用木炭。

关于炼铁过程中的木炭消耗情况，史书中有一些记载，如正统年间遵化铁厂的人力安排情形如下：

> 正统三年，凡烧炭人匠七十一户，该木炭一十四万三千七十

---

① （明）陈赟：《祖庙灵应祠碑记》，载（清）陈炎宗《佛山忠义乡志》卷一二《金石》，清道光刊本。

② （明）霍与瑕：《霍勉斋集》卷一二《上吴自湖翁大司马》，明万历十六年（1588）霍与瑞校刻本。

③ 关于全国范围内冶铁生产地点的变化情形可参见薛亚玲《中国历代冶铁生产的分布及其变迁述论》，《殷都学刊》2001年第2期。

④ （明）宋应星：《天工开物》卷中《五金第十四》，明崇祯初刻本。

⑤ 参见臧连明、钱用和《土窑烧炭》，北京：中国林业出版社，1959年，第2~14页；姜在允《木炭拯救性命：徐徐揭开的秘密》，金莲兰译，北京：中国地质大学出版社，2005年，第22~25页；联合国粮农组织编著《生产木炭的简单技术》，林德荣译，北京：中国农业科学技术出版社，2002年，第5~6页。

斤。淘沙人匠六十三户，该铁沙四百四十七石三斗。[1]

今按明制每斤折合公制596.82克来计算，则正统三年遵化铁厂要消耗的木炭数量折合今制约170774斤。以1石合120斤估测，1石等于10斗，则炼制的铁砂量合明制53676斤，合今制约64070斤。依据杨宽及《中国科学技术史·矿冶卷》中的观点，每10斤铁砂大致可以冶炼出生铁3斤。[2] 则正统三年铁矿砂可炼生铁约19221斤，平均每斤生铁消耗木炭8.88斤。若再炼成熟铁或钢，消耗的木炭数量还要更多。前人的估测数据比这一值略小，有人认为"古代每炼一吨生铁耗用木炭可能要四、五吨左右或更多些"，[3] 也有人估计1吨生铁要耗费7吨木炭。[4] 许惠民则大致取了两者的平均数6吨，据他考证，烧1吨木炭要消耗大约4立方米木材，冶炼1吨生铁消耗的木材数量为16～35.5立方米。以宋代华北地区两大冶务的产量来计算，原额铁合计宋制3530674斤，约合今制4214354斤，约合2107吨，需消耗33712～74798.5立方米木材；元丰元年铁数额合计宋制4144202斤，约合今制4946520斤，约合2473吨，需消耗39568～87791.5立方米木材。

又据龚胜生考证，1吨木柴平均折原木1.46立方米，则可进而推算出每年所消耗的薪柴相当于多大体积原木。[5] 当代林业研究证明，每公顷灌木林可生产木炭10～20吨，即14.6～29.2立方米，而阔叶矮林

[1]　（明）申时行等：《大明会典》卷一百九十四《工部十四·窑冶》，《续修四库全书》第792册，第339页。

[2]　两者的依据均为《清文献通考》中记载的四川总督阿尔泰的三封奏折。乾隆二十九年阿尔泰奏："屏山县之李村、石堰、凤村及利店、茨藜、荣丁等处产铁，每矿砂十斤可煎生铁三斤，每岁计得生铁三万八千八百八十斤，请照例开采。"三十年又奏："江油县木通溪、和合硐等处产铁，每矿砂十五斤可煎得生铁四斤八两，每岁得生铁二万九千一百六十斤。"三十一年再奏："宜宾县滥坝等处产铁，每矿砂十斤煎得生铁三斤，每岁计得生铁九千七百二十斤。"

[3]　北京钢铁学院：《中国古代冶金》，北京：文物出版社，1978年。

[4]　《中国冶金史》编写组：《河南汉代冶铁技术初探》，《考古学报》1978年第1期。

[5]　龚胜生：《唐长安城薪炭供销的初步研究》，《中国历史地理论丛》1991年第3期；龚胜生：《元明清时期北京城燃料供销系统研究》，《中国历史地理论丛》1995年第1期。

为 10～20 立方米。① 以宋代的原额来计算，若每年两地冶铁全部用木炭，则至少需采伐 1154.5 公顷的灌木林或 1685.6 公顷的阔叶矮林，分别折合 11.545 平方千米和 16.856 平方千米，数字之大令人咋舌。显然华北地区的植被状况不足以支撑长期用木炭冶炼钢铁的生产方式。

由于晚近华北地区传统燃料的供应面临巨大压力，所以煤在冶炼过程中的使用量大大增加，宋应星称：

> 凡炉中炽铁用炭，煤炭居十七，木炭居十三。凡山林无煤之处，锻工先择坚硬条木烧成火墨。（俗名火矢，扬烧不闭穴火。）其炎更烈于煤。即用煤炭，也别有铁炭一种，取其火性内攻，焰不虚腾者，与炊炭同形而有分类也。②

可见明代全国的冶铁过程中，煤的使用已非常普遍，大致来说，用煤炼制的铁占了总产量的七成以上，在木炭供应紧张的华北地区这一比例恐怕还要更高。但是，华北地区炼铁使用煤炭的具体史料并不多见，赵士祯称："炼铁，炭火为上，北方炭贵，不得已以煤火代之，故迸炸常多。"③ 这里笼统地提到了北方用煤火炼铁，华北自然也不例外。

华北地区的铁矿储量与煤炭储量都较为丰富，以现代的调查资料来看，河北省铁矿储量位列全国第三，煤矿储量位列全国第十，且铁矿分布区与煤炭分布区重合的范围较大。④ 这种状况无疑也为历史上人们较早利用煤炭炼铁提供了便利。

关于用煤的优点，有学者指出：

---

① 该书编辑部：《中国农业百科全书·林业卷》（下册），北京：中国农业出版社，1989年。
② （明）宋应星：《天工开物》卷中《锤锻第十》，明崇祯初刻本。
③ （明）赵士祯：《神器谱·或问》，载郑振铎辑录《玄览堂丛书初集》（第18册），台北：台北正中书局，1981年。
④ 可参见中华人民共和国国土资源部《中国矿产资源报告（2011）》，北京：地质出版社，2011年。

用煤取代木炭炼铁，解除了燃料短缺之忧，降低了成本，同时，用煤作为冶铁燃料，具有资源丰富、火力强、燃烧温度高的优点。但比用木炭技术上要求高，且必须强化鼓风，加速冶炼过程，因而促进了炉内温度上升，提高了冶铁效率。[①]

宋以后，华北地区的冶铁业能够在传统燃料供应压力沉重的情况下继续发展，与煤炭的大量使用密不可分。

三 燃料危机与近世冶铁业的发展

（一） 薪柴缺乏与冶铁业的衰落

宋代以降，华北地区的燃料危机逐渐加重，不得不大量使用煤炭。在没有煤炭的地区，一旦燃料匮乏，马上面临停产的风险。清人屈大均称："产铁之山有林木方可开炉，山苟童然，虽多铁，亦无所用，此铁山之所以不易得也。"[②] 严如煜称："山中矿多，红山处处有之，而炭必近老林，故铁厂恒开老林之旁。如老林渐次开空，则虽有矿石，不能煽出，亦无用矣。"[③] 两者所述之情形虽非指华北，但华北情形也是如此。

关于薪柴资源的耗竭导致冶铁业衰落的情形，华北地区最典型的例子是明代的遵化铁厂。

据张岗考证，遵化铁厂当初设于永乐元年（1403），初置于遵化县西北的沙坡峪，至今村名未变，属兴旺寨乡。初次设置铁厂大概只是临时冶炼以供急用，后即停罢。至宣德元年（1426），重建铁厂，厂址迁于遵化县东北的松棚峪，地点在今小厂乡松棚营。正统元年（1436），铁厂一度停开而不久又重开。正统三年（1438），厂址又迁往县东南四

---

① 韩汝玢、柯俊主编《中国科学技术史·矿冶卷》，北京：科学出版社，2007年，第589页。

② （清）屈大均：《广东新语》卷十五，清康熙刻本。

③ （清）严如煜：《三省边防备览》卷十《山货》，清刻本。

十余里的白冶庄，即今铁厂镇。万历九年（1581），铁厂遭关闭。天启三年（1623），又有人建议重开铁厂，明熹宗有意采纳，但其时已届明末，国事日非，铁厂最终没有了下文。①

铁厂的时开时停与厂址的不断变迁，原因或许是多方面的，但燃料问题显然是极重要的因素。我们注意到明代铁厂的搬迁过程是由遵化县的西北趋东北再趋东南，而遵化县周边的地形状况恰为北部与东部紧邻山地。山地林木资源丰富，可以为冶铁提供丰富的燃料资源，故而铁厂位置需要紧靠山地。

据上文分析，沙坡峪铁厂在永乐年间运行了20年左右而停罢，松棚峪铁厂除短暂停罢外共运行了约13年，白冶庄铁厂则运行了144年。

铁厂在前两个地点的开设时间都较短，这与燃料消耗导致森林迅速遭到破坏有关，一则是燃料资源枯竭使得铁厂难以为继，再则是遵化北部为边防要地，大量砍伐森林危及国防安全。嘉靖年间庞尚鹏在建议边关大规模种树的奏疏中即指出：

> 或曰遵化铁冶及抚赏、修边皆于樵采不可缺之，何其能已乎？夫国家兵政，备边为急。若能制御胡虏，即百铁冶皆设法区处当亦不难。抚夷诸费，久累军丁，已非优恤之道，独不可悉为酌议乎？是在任事诸臣一注厝之间耳。②

所论虽为隆庆年间的情形，但永乐、宣德年间的情形当也不例外。铁厂最终向东南方向转移，也有确保北部边防的考量在其中。

关于铁厂燃料需求对山林的影响，嘉靖间韩大章即曾谈及，他指出：

> 遵化铁厂访系永乐年间在于地方砂坡峪开设，后迁地方松棚

---

① 以上论述参见张岗《明代遵化铁冶厂的研究》，《河北学刊》1990年第5期。
② （明）庞尚鹏：《酌陈备边末议以广屯种疏》，载（明）陈子龙等《明经世文编》卷三百五十七，明崇祯平露堂刻本。

峪，正统年间迁今地方白冶庄。彼时林木茂盛，柴炭易办。经今建置一百余年，山场树木斫伐尽绝，以致今柴炭价贵。若不设法禁约，十余年后价增数倍，军民愈困，铁课愈亏。①

足见铁厂对山林影响之大，此为铁厂移至白冶庄后之情形，此前对北部山林的影响与此类似。

铁厂移至白冶庄后能持续运行一个半世纪，与扩大了燃料征集范围有关。明廷在蓟州、遵化、丰润、玉田、涿州、迁安六个州县设置了面积广大的山场，专门供采柴烧炭之用。史载：

> 本厂山场，蓟州、遵化、丰润、玉田、涿州、迁安旧额共四千五百六十一亩九分六厘，采柴烧炭。成化间，听军民人等开种纳税，肥地每亩纳炭二十斤，瘠地半之。嘉靖五年议准，肥地每亩征银五分，准炭十五斤，瘠地半之，共该银七百四十四两七钱七厘六毫。八年，议令各该州县征解本厂，每银十两，召买炭三千斤。九年题减，肥地止征四分，瘠者半之。四十五年题准，听民开垦，永为世业。地稍平者，每十亩坐肥地一亩；稍偏者，每十亩坐瘠地一亩。今额征银七百八十一两三分一厘三毫。②

遵化一地之柴炭负担由其余五个州县来共同分担，则柴炭压力大大下降，据隆庆、万历间的征收银额，以每 10 两银召买 3000 斤炭来估算，则可召买 234393.9 斤木炭，数量颇为可观。

纵然如此，遵化铁厂自正德以后还是江河日下。据《大明会典》记载，成化十九年（1483）遵化铁厂每年要向北京供应铁 30 万斤。至

---

① （明）韩大章：《遵化厂夫料奏》，载（明）陈子龙等《明经世文编》补遗卷二，明崇祯平露堂刻本。
② （明）申时行等：《大明会典》卷一百九十四《工部十四·窑冶》，《续修四库全书》第792 册，第 340~341 页。

正德四年（1509），共炼得生铁48.6万斤、熟铁20.8万斤、钢铁1.2万斤，合计70.6万斤。至正德八年（1513），不再炒炼熟铁。嘉靖八年（1529），共炼得生板铁18.88万斤、生碎铁6.4万斤、熟挂铁20.8万斤，合计46.08万斤，而钢铁不再炼制。产量变化的同时，铁炉数量也在减少，正德四年（1509）共有大鉴炉10座、白作炉20座，正德六年（1511）只有大鉴炉5座、白作炉8座。嘉靖八年（1529）已只有大鉴炉3座，白作炉的数量可能也更少了。[①] 至万历九年（1581），遵化铁厂终于完全废止。

（二）煤的使用与铁器质量的下降

前文已述及冶铁业中使用煤炭的诸多好处，这里再深入探究煤炭的使用对华北地区冶铁业发展的消极影响。

关于煤炭在冶铁业中的使用，许多学者都将其视为生产技术进步的重大标志，对用煤冶铁赞誉有加，并以欧洲用煤冶铁较晚来反衬我国古代科技之发达，如梁方仲即曾指出：

> 冶铁燃料之应用石炭（煤），在我国至迟从魏晋时已开始。北宋时，石炭的开采地区更广泛起来，今山西、山东、河北等省都已开采，并实行官专卖制，石炭被用作冶铁业的燃料，这时又得到更大的发展。到十三世纪，元代初期，意大利人马可波罗来到中国时，看到了石炭作燃料，倍致惊异，这因为欧洲各国，要迟到十六世纪才用石炭炼铁。《游记》一书中以"用石作燃料"为标题列一专章（第101章）来介绍说："契丹全境之中，有一种黑石，采自山中，如同脉络，燃烧与薪（木炭）无异。其火候且较薪为优……而其

---

① （明）申时行等：《大明会典》卷一百九十四《工部十四·窑冶》，《续修四库全书》第340页。

价也贱于木也"云云。[①]

《中国古代冶金》的编者们在论及宋以后用煤炭与焦炭炼铁情形时，自豪之情溢于言表，他们称："欧洲最早用煤炼铁是在十八世纪，随后才开始炼焦和使用焦炭炼铁。因此，我国是世界上最早用煤和焦炭并用于冶铸的国家之一。"[②] 杨宽虽认识到了煤炭使用对铁器品质的消极影响，但并未深入剖析其深远的社会影响，整体上仍极力称赞。[③] 另外，关于焦炭炼制在古代的使用情形，他也做了过高的估量。实则，焦炭炼铁，在传统时代只是个别现象。

煤炭的含硫量远高于薪柴，硫会大大影响铁的品质。铁矿石中也往往含有一定数量的硫，但多数在 1% 以下，极少数在 0.1% ~ 0.4%。[④] 而北方煤中硫的平均含量为 0.77%，南方更高，可达 1.71%。[⑤] 用煤炼铁显然会提高炼制出的生铁中硫的含量。

在古代的炼铁炉中，以还原熔炼气氛为主，在这样的环境中煤中所带的黄铁矿发生如下反应：

$$2FeS_2 = 2FeS + S_2 \uparrow$$

分解出来的单质硫呈气态溢出，而 FeS 则残留在了熔化的生铁之中，凝固后的 FeS 与 Fe 形成共晶体，在脱碳处理时无法去除硫。这会使铁在锻打过程中热脆，从而导致锻造失败或品质低劣。[⑥]

煤炭的大量使用导致了钢铁品质的严重下降。据学者研究，现代生

---

① 梁方仲：《元代中国手工业生产的发展》，载《梁方仲经济史论文集》，北京：中华书局，1989 年，第 658 ~ 659 页。

② 北京钢铁学院《中国古代冶金》编写组：《中国古代冶金》，北京：文物出版社，1978 年，第 64 ~ 65 页。

③ 参见杨宽《中国古代冶铁技术发展史》，上海：上海人民出版社，2004 年，第 155 ~ 158 页。

④ 赵润恩、欧阳骅：《炼铁学》（上册），北京：冶金工业出版社，1958 年，第 17 ~ 18 页。

⑤ 洪业汤、张鸿斌、朱詠煊、朴河春、姜洪波、曾毅强、刘广深：《中国煤的硫同位素组成特征及燃煤过程硫同位素分馏》，《中国科学》（B 辑 化学 生命科学 地学）1992 年第 8 期。

⑥ 以上论述参考了黄维、刘宇生、李延祥、周卫荣《从陕西出土铁钱的硫含量看北宋用煤炼铁》，《〈内蒙古金融研究〉钱币文集》（第八辑），2006 年。

铁标准规定普通制钢生铁含硫量万分之七以下方才合格，汉代生铁含硫量一般在万分之三左右，实为优质的炼钢用材。而宋代至清代的生铁含硫量却普遍较高，一般都在汉代的四至五倍，有的甚至高达1%。而黄维等人对宋代铁钱进行测定时，发现有的含硫量竟高达1.94%。以现代的冶铁技术来看，这些生铁的质量低到了残次品的程度。

正是因为用煤炼铁引发的质量问题，华北原本领先全国的冶铁业晚近时代渐趋没落，而南方不用煤冶炼的广铁、闽铁才跃居全国领先水平。南方地区之所以用煤较少有如下原因。首先，森林资源较为丰富，而植物的生长也较为迅速，这使得木炭的获取更为容易，用煤的动力相对不足。其次，南方地区的煤炭储量相对较低，这也使得煤炭的大量使用存在极大的困难。最后，南方地区的煤炭含硫量普遍较高，使得用煤炼出的铁质量更差，这也大大限制了煤炭的使用范围。总之，各种因素交织在一起，使得南方炼铁用煤较北方少，这恰恰确保了南方炼出的铁的品质较好。关于用煤导致北方铁质量下降，明代之人即已认识到，赵士祯即指出：

> 南方木炭，锻炼铳筒，不惟坚刚与北地大相悬绝，即色泽亦胜煤火成造之器。其故为何？曰：此正足印证神器必欲五行全备之言尔。炭，木火也。北方用煤，是无木矣。禀受欠缺，安得与具足者较量高下！[①]

也正是因为用煤会导致质量问题，所以在普遍用煤炼铁的情形下，明廷还要在京畿地区的遵化设置铁厂，专门用木炭来炼制供急用的高质量铁。虽然整个华北的燃料供应极为紧张，但铁厂还是努力维持了大约180年之久。

---

① （明）赵士祯：《神器谱·或问》，载郑振铎辑录《玄览堂丛书初集》（第18册）台北：台北正中书局，1981年。

热兵器出现后，我国并没有在铁质火器方面获得长足发展，相反却进入了中国兵器史上的第二次铜器时代，因为早期的炮都是铜铸的。个中缘由正如笔者在上文所述，宋代以后冶铁业中煤取代木炭成为主要燃料，煤含硫量甚高，这对铸铁的品质产生了重要影响，导致铁无法用在火炮铸造上。同时，由于铸铁品质不高，国人自宋以后兴趣便由铸铁转向锻铁，而西方人却恰恰相反。这样，虽然中国发展出焦炭技术的时间较英国早，但焦炭技术的推广速度远不及英国，双方铸铁水平发生了极大的逆转，故而中国在兵器制造上长时间停留在了铜器时代，而欧洲人则迅速发展并反超中国。铸铁技术上的东西差异还进一步延伸到了其他生产领域，这就使得西方的机器设备制造水平也迅速提升，而中国则黯然失色。故而，中西军事实力与经济实力之对比均发生了巨大变化，这为晚清面对西方入侵时的孱弱无力埋下了伏笔。

所以，在某种程度上可以这样说，中国人用煤炼铁是世界历史上重要的转捩点，此后的世界历史发展进程都深受其影响。[①]

要之，燃料危机及燃料更新换代使得古代华北冶铁业趋于没落，这不仅改变了华北地区的经济面貌，也对全国乃至全世界的社会情状与历史走向产生了极为深远的影响。

---

① 相关论述参见李弘祺《中国的第二次铜器时代：为什么中国早期的炮是用铜铸的》，《台大历史学报》2005 年第 36 期。

环境治理中的"沉默"之声

——以秸秆禁烧中的农村社会为例

司开玲[*]

摘　要：随着环境社会学研究的深入，研究者对环境治理中主体参与的理解也愈加深刻、细致。作为一种环境行为，"沉默"在行动者的生活世界中具有重要意义。一方面，研究者需要借助一些经典文献，去理解"沉默"中的主体性。另一方面，研究者需要在环境社会学领域突破既有研究方法的限制，关注特定社会结构和社会关系网络中的"沉默"之声，以此理解环境治理中不同行动主体的参与。"沉默"是一种特殊的环境话语类型。农民的生活世界中充斥着大量关于秸秆处置的地方经验，以及他们对环境与社会关系的思考。吸纳这些"沉默"之声，对优化地方环境治理具有重要的积极意义。

关键词：环境治理　秸秆禁烧　秸秆综合利用　"沉默"之声

一　理解"沉默"

"沉默"是一个重要议题。在国内的环境社会学研究领域，对"沉默"的关注源自研究者对环境行为的分析。当面对污染受害时，行动者有采取环境行动和不采取环境行动两种主要的行为选择类型，沉默

---

*　司开玲，江苏师范大学公共管理与社会学院副教授，硕士生导师，研究方向为环境社会学、环境人类学。

即被归属于不采取环境行动的行为选择类型。围绕该议题，研究者多聚焦于描述"沉默"的一般情况、解释"沉默"得以发生的社会原因。

国内首先讨论这一议题的是冯仕政。根据2003年中国综合社会调查的数据，他指出面对环境污染时，城镇居民中选择沉默的人多达61.71%，因此为"沉默的大多数"。针对这种情况，冯仕政从"差序格局"的角度进行了解释，他认为，社会经济地位越高、资源获取能力越强的居民，在面对环境问题时选择环境行动的可能性越大。换句话说，大多数人选择"沉默"以对，是由于他们在经济地位和资源获取能力上的限制。[①] 同样采用"沉默的大多数"之说，孙旭友则通过个案研究对农村环境行动中的"沉默"进行了定性分析，他认为，行动者在面对污染时选择"沉默"，与村庄内部的"共同体意识"弱化并消解了他们参与环境行动的动力有关。[②]

将"沉默"视为一种环境行为选择，上述两项研究表明：面对环境污染时，"沉默的大多数"是由于受制于特定的社会结构和社会关系网络。作为对环境领域"沉默的大多数"问题的回应，卢春天等人在2014年对西北四省的农村居民的行为选择进行了调查，结果显示，在面对环境问题时，西北地区的农村居民已经不再是"沉默的大多数"。之所以存在如此大的差异，卢春天等人认为，与农村居民对传统媒体的接触强度和新媒体的信任度相关，而非实体性的社会网络资源。[③]

上述实证研究在结论上有所不同，这种不同主要表现在两个方面：一方面，研究者对"沉默"的解释取向不同；另一方面，不同时空环境中沉默者的数量发生较大改变。如果将其放置在特定社会情境中，这种不同更容易被理解。在近十几年的发展中，中国社会中的意见表达通

---

① 冯仕政：《沉默的大多数：差序格局与环境抗争》，《中国人民大学学报》2007年第1期。

② 孙旭友：《"关系圈"稀释"受害者圈"：企业环境污染与村民大多数沉默的乡村逻辑》，《中国农业大学学报》（社会科学版）2018年第2期。

③ 卢春天、赵云泽、李一飞：《沉默的大多数？媒介接触、社会网络与环境群体性事件研究》，《国际新闻界》2017年第9期。

道均发生了重要的变化。就社会发展领域而言，网络逐渐普及，使得公众有更多接触外界信息和表达自我的机会；就环境治理领域而言，环境保护逐渐由"花瓶式"转为"刀枪式"，尤其是2013年发生的严重雾霾，让"环保"成为一种共识，无论是政府，还是公众，都切身体验到了环境污染带来的灾害，"先污染后治理"的发展模式得到纠正。在此背景下，无论是城镇居民，还是农村居民，他们在环保话语中被赋予了更多的言说权力，也拥有更多的表达渠道。可以说，上述研究结论是特定历史时空下的产物，其间的不同是历史发展的结果。

虽然在研究方法和研究结论上存在差异，但是，上述研究均将"沉默"理解为环境行为中的不抗争，并且探究"沉默"的基本路径总体上遵循客体化的描述－解释框架。然而，在该议题中，"沉默"所蕴含的社会意义，可能超越了行动/不行动这种环境行为二分，它可以有更为丰富的社会意涵。对此，一方面，我们需要借助一些经典文献，去理解沉默中的主体性；另一方面，我们需要在环境社会学领域突破既有研究方法的限制，运用田野工作方法，关注既定社会结构和社会关系网络中的"沉默"之声，即"沉默"掩盖下的众声喧哗，以此揭示环境治理中不同行动主体的参与。

"沉默"能够进入研究者的视野，离不开斯科特（James C. Scott）的学术贡献。他提出的"弱者的武器""隐藏的文本"等概念，将学术视野引向底层社会中的社会关系，让人们能够听到被治理者生活世界中的沉默之声。[①] 尽管如此，我们还是需要仔细鉴别斯科特所谓"潜隐剧本"[②] 的含义。"潜隐"是对谁而言的潜隐？如果将社会学、人类学的研究目标理解为发现特定社会中的一般规律的话，那么，研究者所搜集到的信息务必是该社会群体中习以为常的，或者是人们在日常生活

---

① James C. Scott, *Seeing Like a State: How Certain Schemes to Improve the Human Condition Have Failed*, Yale University Press, 1998.

② 詹姆斯·C. 斯科特：《支配与抵抗艺术：潜隐剧本》，王佳鹏译，南京：南京大学出版社，2021年。

中有意无意经常使用的。这样的话，所谓的"潜隐"，在基层社会中并不罕见，也不陌生。因此，潜隐一定是对另一阶层、另一文化中的人而言。那么，该如何对待在底层社会中习以为常的那些隐而不言或低声细语呢？如果说潜隐剧本是底层群体专属的话语体系和表达方式，公开剧本则是底层群体与上层群体公开沟通交流的话语体系和表达方式。从潜隐剧本向公开剧本的转变，则是一种将底层专属的私人话语转换为彼此可以讨论的公共话语的过程。

当我们把"沉默"纳入视野进行聆听时，与之相关的信息逐渐显现。在拉图尔看来，揭示并承认这种沉默中隐藏的"众声喧哗"是撬动当代环境问题的杠杆，即"政治生态学"。虽同名为"政治生态学"，却是在对以往的"政治生态学"解构基础上的重构。在以往对政治生态学的理解中，往往存在科学生态学和政治生态学的区分，前者是通过实验和田野考察实践理解自然，后者是通过激进运动和国会实践保卫自然。对此，拉图尔认为，若想实现真正有效的改变，对"政治生态学"的界定需要打破上述两者间的价值区分，同时将其视为共同世界的构成。换句话说，政治生态学应该摒弃自然与社会的二分，以及由此导致的政治家为大众代言、科学家为自然代言的权力格局，承认"沉默"的大众及其对自然的言说权力、言说能力，并通过集体实验的方式重构平等政治。①

上述有关沉默的理解，为笔者思考秸秆禁烧提供了理论上的帮助。有关秸秆问题的环境治理同样处于一种特定的社会关系网络之中。在这种关系网络中，秸秆焚烧与秸秆禁烧是两种截然不同的行动选择，但是我们不能将农民的秸秆焚烧行动视为"抗争"，因为在该情境中，农民的行动并非为了反对秸秆禁烧而发生，事实上，秸秆焚烧是他们为了耕作便利而进行的一种自然选择。从时间序列上看，秸秆焚烧发生在秸秆禁烧之前。因此，本文中所理解的"沉默"不是完全的失语，而是

---

① 布鲁诺·拉图尔：《自然的政治：如何把科学带入民主》，麦永雄译，郑州：河南大学出版社，2015年，第15页。

一种农村社会网络中独特的话语机制。在该机制中，农民有表达的机会，但是他们的有些表达更像是低吟。接下来，笔者将围绕秸秆禁烧中收集到的经验资料，以农村社会为中心，探讨沉淀在日常生活中的那些"沉默"之声，以及这些声音对环境治理的意义。

二 秸秆禁烧中的"沉默"之声

如何处理秸秆，是农民生产生活实践中的重要内容。秸秆虽然是农业剩余物，但在过去的农村社会中被广泛用作家畜饲料、生火烧饭的燃料等。随着现代化过程中秸秆的这些功能被替代，秸秆焚烧成为农民最为便利、最为经济的选择。季节性的大量秸秆焚烧对大气环境构成一定的压力。由于环境保护在意识形态上的地位提升，政府在治理大气污染上不断加大力度，任务分解后紧紧抓住每一个细节开展"蓝天保卫战"，并且充分动员一切力量参与其中。由此，以治理空气污染为主要目标的秸秆禁烧，表现为制度设计上的缜密和行政执法上的严厉。这些努力，在改善特定时段的空气质量上取得了一定的成绩。

虽然高层政府极为重视秸秆禁烧与秸秆综合利用的有效结合，要求地方政府努力推进秸秆科学利用，但一些地方政府在实践中缺乏相应的科学储备和农耕经验，使得治理结果事与愿违。这类治理实践下的秸秆禁烧对农民意味着什么？笔者将从农民的耕作经验和栖居环境两个维度，描述农民在日常生活中对秸秆禁烧的感知和理解。

2015年6月8日上午，笔者在马村①调研时，恰好遇到地方政府工作人员下乡检查工作。当时村里拿出一块约2亩的田地，进行秸秆粉碎还田试验。该试验包括两个连贯的操作，先是在收割庄稼的同时对秸秆进行粉碎，紧接着，在秸秆粉碎后，村里安排旋耕机将土地翻耕。一旦翻耕完成，秸秆焚烧变得困难，在某种程度上就意味着秸秆禁烧任务的

---

① 根据学术伦理，本文涉及的地名均已作匿名处理。

实现。围绕该项试验，几个"看火"的农民在地里闲聊，他们用手指试了试土壤翻耕的深度，忧虑地说：

> 这样的做法，下一季的玉米和豆子根本种不下去，尤其是对玉米种植，一来秸秆还田旋耕后的土壤较深，超出了平时玉米种植的深度，二来粉碎后的秸秆混在土里，会使得土壤温度升高，而夏季高温潮湿的土壤环境会使得玉米种子 weng① 掉，影响出苗。

他们讨论后的结论是：按照他们多年的种植经验，这种做法将会严重影响下一季的玉米种植。然而，这些谈论更多是低声细语，既没有被在场的地方政府领导听见，也没有见诸新闻媒体的公开报道。最终，为了不影响种植，农民用钉耙将粉碎后的秸秆重新聚拢，焚烧后再进行播种。

另一个典型案例是张村。秸秆禁烧初期，当地采取秸秆离田的方式禁止焚烧。这种方式下，农民需要花费额外的时间和精力将秸秆从农田中运出，送到村委会设定的专门的回收场地。对农民来说，这种额外劳动尽管也能够获得每亩 10 元左右的秸秆离田补贴，作为售卖秸秆的收入，但是相较于他们正常的劳动回报和对农时的把握来说，秸秆离田实在是不划算。另外，由于当时留茬较高，即使割下来的秸秆离田了，未割的秸秆留在田地，不宜直接耕种，最后还是需要通过焚烧来解决。

秸秆粉碎还田技术的普遍应用，让秸秆禁烧在实践上成为可能。这个过程，隐藏着农民种植经验的变化和种植方式的调整。无论是旱地还是水田地区，因为没有秸秆粉碎还田的经验，所以，农民起初对秸秆粉碎还田的效果持怀疑态度，宁愿选择更为保险的焚烧方法处理秸秆。对旱地来说，夏收后往往种植玉米、大豆等作物，对此，农民的经验是，秸秆还田的效果还是与天时相关，如果粉碎还田后正好遇到雨水天气的话，粉碎后

---

① weng 是笔者调研时听到的方言，经查阅，并没有找到对应的汉字。农史研究者熊帝兵对该字有另外一种解释，他说在他们的方言里，这个音被用来表达作物因为早期肥料太足导致秸秆长得旺盛而果实稀少的现象。

的秸秆容易腐烂，形成绿肥，可以增加土壤肥力，对种植有利。但是，如果粉碎还田后遇到天气干旱雨水少的话，将不利于种植，因为种子有可能落在秸秆中，缺乏足够的水分，没法出苗，即农民说的"支窟，出不好道子"。

如果我们将环境理解为人的栖居之所的话，农村环境与农民生产生活就构成一个密不可分的整体。以空气污染防治为目标的秸秆禁烧，如果地方政府治理不当，会带来意外的环境后果。在本研究的调查地，起初，在技术支持不足的情况下，地方政府要求农民采用离田的方式处理秸秆，结果发现，很多秸秆被弃置在农田周围的河道中，导致河道的堵塞和水污染。随后，秸秆粉碎还田这一技术被充分利用，除了上述这一技术应用对农民种植经验带来挑战外，对当地农村水环境同样造成污染。按照张村的水稻种植经验，在水稻种植初期，需要大水漫灌除草，然后再将水排出。然而，这一方式与秸秆还田相结合产生了非预期的环境问题：秸秆腐烂后的黑水，全部流入张村附近的河流，造成了严重的水污染，甚至会导致河里的鱼大量死亡。

对农民来说，不管是秸秆焚烧，还是秸秆禁烧，都与他们的生产生活密切关联。对秸秆问题，他们有自己的判断和思考。只不过，在一些地区现有的社会关系结构和话语机制中，他们的判断和思考，没有得到充分重视从而影响行政决策。从这个意义上说，这些地区的农民对秸秆禁烧的观点和态度，成为未被吸纳的"沉默"之声。

三　秸秆禁烧中农村社会的声音外扩

总体而言，对"农村社会"的理解，需要同时包括对人与人、人与环境关系的理解。换句话说，农村社会是一个人与人、人与环境之间相互作用的实践场域。对农民来说，秸秆禁烧关系到他们的农业生产，关系到耕种和收成，也关系到他们生活其中的环境。故而，当一些地区的地方政府在推进秸秆禁烧过程中因为方式方法不够合理从而影响农民生产生活时，他们会寻求正式的渠道将沉默之声外扩，表达对如何完善当地秸秆禁烧实践的思考。

第一则信访资料：

网民李××关于"秸秆挡住了春耕"的留言[①]

我是黑龙江省的一位普通农民，今天我所表达的诉求是，目前黑龙江省农民春耕的难题，雪化后马上就开始清地备耕了，但问题是现在满地的秸秆没有办法处理，去年秋收后当地镇政府联系了几台秸秆打包机，来回收秸秆打包作业，这是一件好事，我们非常欢迎，但问题出现了，打包秸秆他只求速度没有质量！只能收走地里40%的秸秆，大家多次商量要求打包作业时慢些，但人家说合不上，慢了就赔钱！多次向上反映也没有解决，所以才出现了今天的局面：满地的秸秆，无法旋耕破茬打垄！说白了就是秸秆处理不了这地就种不上！让农民自行处理根本也清不起也拉不起，即使拉出来往哪堆往哪卸？这是一个多么庞大的量啊！目前最有效的处理办法也就是烧，一是处理掉了秸秆，二是减少了病虫害的发生，至于怎么烧我觉得就应该是分时分阶段分日期因地制宜，不能集中烧，避免污染空气。希望政府能理解我们农民的难处，出一个有效的处理办法，帮助我们农民能种上地种好地。

留言时间：2020 - 03 - 04

第二则信访资料：

网民杨×关于"耕地秸秆如何处理更合理"的留言[②]

部长您好：现在我们农民马上要进行春耕了，但是田地里的秸秆还几乎没有处理，特别是今春又下了几场大雪，田地的秸秆更难

---

① 农业部，2020 年 3 月 4 日，http://www.moa.gov.cn。
② 农业部，2020 年 3 月 19 日，http://www.moa.gov.cn。

弄了，今年村里不让烧秸秆，让全部用免耕种植。我们这地区是山区，就是靠天吃饭，免耕播种不浇水，不起垄，种子在地里生长不好，严重影响粮食的产量。去年就有用免耕播种机种植的，和正常种植的每亩地相差近三百元，如果强行用免耕种植，可能会出现大面积减产，农民收入会更少。而且在东北地区让秸秆完全做到还田，这是不现实的。因为这有很多不利因素影响，像气温低、秸秆腐蚀所需时间较长等等。

留言时间：2020 - 03 - 19

第三则信访资料：

网民方××关于"关于农村秸秆处理"的留言①

2020年3月28日，大队处理秸秆人员来家告知，不让焚烧秸秆，由大队进行打包处理，但是我们每户需要交纳一垧地200元的费用，我们这里没有秸秆还田机。我认为打包的费用应该给免除。

留言时间：2020 - 03 - 30

从上述三则信访资料的内容看，农民所反映的情况都是当地在秸秆禁烧推进中方式方法不合理对农民处境的现实影响。第一则、第三则信访资料针对秸秆打捆离田的综合利用措施，第二则针对秸秆还田的处理措施。虽然秸秆还田和秸秆打捆离田在理论上都是处理秸秆问题的有效措施，但在实践上带来了新的问题。首先，秸秆综合利用措施增加了农民的种植成本，降低了农民收入，比如第二则资料里反映的每亩地减少近300元收入、第三则资料里反映的村委会要求农民每户交纳一垧地200元的费用。当然，秸秆综合利用措施在种植成本和农民收入上所造成的影响，与一些地方政府在实践中忽略农民与环境的关系不可

---

① 农业部，2020年3月30日，http://www.moa.gov.cn。

分割。特定区域农民的种植经验，往往是当地农民在与自然打交道过程中，长期摸索形成的。一些地区的秸秆综合利用措施忽视了特定区域中人与环境的关系。比如，在第一则资料中，天降大雪会给处理秸秆带来麻烦、在山区使用免耕种植会影响作物产量，因为秸秆处理方法的限制，农民难以根据实际情况调整种植策略。

如果我们将"环境"具体化，把它视为特定地域的人们所赖以生存、生活的基础的话，那么，环境与特定地域中的人和文化之间是不可分割的。这样的话，无论农民的质疑是否科学，他们的态度和思考都需要被认真对待。

第四则信访材料：

网民何×关于"农村农田禁烧秸秆，和回收利用"的留言[①]

尊敬的领导好，我是一名来自安徽农村的农民。对于农村收割机改进的想法，想提点意见。我想说的是现在的收割机，大部分是把秸秆粉碎撒在田里，非常影响下一季种植。有没有可能，收完后就把秸秆直接打包。这样一来既有利于回收秸秆，也不影响下一季秋种。秸秆回收好处太多了，我家养牛就有需要。回收利用就是再生资源，给农民带来利，给社会做了贡献。希望有关领导看到以后，考虑把收割机器和秸秆回收能结合起来，便于回收秸秆。谢谢。

留言时间：2020 - 02 - 10

第五则信访材料：

网民冯××关于"秸秆产业的发展"的留言[②]

领导好，关于秸秆还田很多专家的指导并不全面，在这几年的

---

① 农业部，2020 年 2 月 10 日，http://www.moa.gov.cn。
② 农业部，2020 年 3 月 13 日，http://www.moa.gov.cn。

实践中，土壤湿润，常年多水的地区秸秆可以还田，但是在北方地区，水分少，干旱的地块，秸秆还田弊大于利，处理不当直接造成下一季农作物减产，甚至绝收，这几年越来越多的种地大户，感觉到这点，但是秸秆离田，费工费时，有很大困难。国家政策很好，但基层没有给秸秆离田创造条件，只是一味宣传秸秆禁烧，没有在源头上解决问题。我经营秸秆产业20多年，秸秆用处越来越广，处理好了，秸秆禁烧的压力会越来越小，秸秆反而能给农民创收，增加农民收入，我在这上面多少有点心得，给领导提几点建议，不一定正确，望借鉴：一是税收优惠能不能不收秸秆企业增值税；二是秸秆产品运输费用高，运费和产品基本一样，能不能秸秆产品不收过路费、高速费；三是用地政策和补贴上政府能落实到位，帮助秸秆企业由小做大，这样秸秆离田才能推进得越来越顺利。

留言时间：2020 – 03 – 13

在上述两则信访资料中，信访人都将秸秆回收作为秸秆还田的替代方案。根据北方干旱少雨地区的种植经验，秸秆还田会影响下一季作物种植，不符合当地的农耕实际需求。相较于秸秆还田，当地农民认为秸秆回收既可以解决秸秆焚烧问题，又可以回避秸秆还田的弊端。不过，秸秆回收的难处在于，一是缺机械，二是缺资金。上述两则材料中的信访人试图通过信访的方式解决机械和资金的问题。在秸秆综合利用领域中，他们是参与者，有切身的利益选择。他们也从各自的角度就如何完善秸秆禁烧的地方实践发表了自己的思考。

无论是秸秆禁烧，还是秸秆综合利用，秸秆问题的处理方式具体如何选择是一个需要考虑地方实际、吸纳当地农民意见的实践场域。在一些地区，农民的声音更多停留在农村社会，成为"沉默"之声，偶有一些农民行动主体将其声音通过信访这一正式渠道向外传递。事实上，这类"沉默"本身及一些声音外扩，是农民对地方秸秆处理实践的感知和体验，对优化当地秸秆处理具有重要意义。

四 结语

以往的环境社会学研究将"沉默"理解为不采取环境行动，并从社会结构、社会关系、社会资源等角度对其进行解释，并没有深究沉默的意涵。本文试图以秸秆禁烧中的农村社会为例，说明"沉默"具有超越行动/不行动二分法的社会特质，包含了更为丰富的社会意义。一方面，"沉默"同时也意味着众声喧哗。在秸秆禁烧实践层面，尽管禁烧的好处被广泛宣传和认可，但是一些地区由于地方政府的政策措施未能兼顾地方特殊性，农村社会形成大量有关如何优化禁烧实践的思考，这种声音或是停留在村落内部，或是通过信访的方式在向上传递。作为研究者，需要主动探寻并认真倾听这些声音。另一方面，"沉默"是一种社会结构的产物。在一些地区，农村社会的那些"沉默"之声尚未得到重视，更没有被纳入行政决策之中。从这个意义上说，"沉默"是地方社会关系结构的衍生物，这种话语机制容易进一步造成农村社会中社会关系的疏离。

治理的核心是多元参与，充分调动参与者的积极性，通过其自身力量解决问题，从而节约成本、提高效率。从秸秆禁烧的情况看，当前的环境治理需要意识到秸秆处置所嵌入的环境与社会的复杂性，重视农民群体的参与。推行秸秆禁烧政策的同时，各地方政府应当充分重视动员农民群体在秸秆综合利用上的农耕经验、智慧和技术，使得农村社会中的"沉默"之声转化为秸秆综合利用结构优化和提质增效的重要地方性资源。

技术治理创新与工业低碳转型的地方实践机制[*]

罗亚娟[**]

摘　要：在环境治理数字化转型的新趋势之下，数字技术治理在推动工业低碳转型上可以发挥怎样的作用，其深层逻辑是怎样的？本研究通过观察案例地探索数字技术治理的社会过程，以生态现代化理论分析其实践机制，发现"低碳生产的经济化"与"经济生产的低碳化"相辅相成，是工业碳治理取得突破的关键。一方面，基于工业碳效码的开发与应用，每个企业都被赋予新的"碳身份"，具有切身现实感的深层碳认知得以建立，低碳转型意愿得到驱动。另一方面，以工业碳效码的开发和应用为契机，地方政府建立起工业碳数据仓，科层协同能力以及对不同地区、行业和企业的靶向施策能力得到提升。基于此，地方政府通过政策体系重构以政策红利建立起"低碳生产的经济化"的政策环境，众多企业响应汇聚形成"经济生产的低碳化"效应。面向未来，以赋能企业减碳、提升政府治理效能为目标的技术治理创新，构建减碳与企业利益兼容的制度创新，是推动工业系统低碳转型的重要路径之一。

关键词：生态现代化　低碳　技术治理　工业碳效码

一　问题的提出

生态危机作为现代性消极维度的重要方面，在近几十年中成为社

---

* 本研究是湖州市哲学社会科学规划课题"率先碳达峰愿景下湖州工业绿色转型的机制创新研究"（项目编号：22hzghy136）的阶段性成果。

** 罗亚娟，河海大学社会学系、环境与社会研究中心副教授，研究方向为环境社会学。

会学家研究的核心议题之一。许多学者对全球气候危机等多种生态风险的分析都回溯到工业这一源头，并将这类由工业副作用积累所致的全球生态危机视为一场深刻的制度性危机。① 相比自 20 世纪中期以来各国在应对工业污染问题上取得的突出成效，工业碳治理的推进显得更为困难。有别于其他生态危机，全球变暖的"未来问题"及"潜在灾难"性质，使得工业系统的低碳转型更容易面临结构性障碍，虽然大多数国家已经将该议题纳入了政治议程，但距离将之深植于具体的社会生产实践仍然遥远。②

为顺利实现"双碳"目标，中国政府出台《工业领域碳达峰实施方案》（工信部联节〔2022〕88 号）等一系列顶层设计，为工业低碳转型提供了方向与路径指导，不过在实践层面解决工业发展与碳排放的深度脱钩难题并非易事。"十三五"中后期以来，伴随传统行业需求高位运行以及新兴产业快速增长，工业部门能耗及碳排放进入增长新周期。2021 年及 2022 年全国工业全年用电量创近十年新高，③ 工业能源消费量在中国全社会能源消费量中占比高达 65% 左右。④

激发企业减碳意愿，增强地方政府推动工业减碳的环境治理能力，推动工业系统的生态转型，何以可能？以这一问题为指引，笔者在东部地区工业低碳转型的典型案例中选择浙江省 Z 市开展深度研究。相比该省其他地市，Z 市工业结构以传统产业为支撑，工业绿色低碳转型面临更多困难。近年来 Z 市在工业绿色低碳转型中形成了一系列治理创新，作为全国"绿色智造"试点示范城市，连续两次被国务院评为"全国工业稳增长和转型升级成效明显市"。Z 市在近几年推行的工业碳效改

---

① 乌尔里希·贝克、安东尼·吉登斯、斯科特·拉什：《自反性现代化：现代社会秩序中的政治、传统与美学》，赵文书译，北京：商务印书馆，2001 年，第 2、12 页。

② 安东尼·吉登斯：《气候变化的政治》，曹荣湘译，北京：社会科学文献出版社，2009 年，第 4 页。

③ 符冠云：《工业领域碳达峰的新形势、新挑战及新对策》，《环境保护》2022 年第 18 期。

④ 《工信部：工业领域能源消费量占全国总体消费量 65% 是节能降碳的主要领域之一》，广东省循环经济和资源综合利用协会，2022 年 3 月 1 日，http://www.gdarcu.net/index.php? ac = Article&at = Read&did = 5577。

革中，创新实践以"工业碳效码"开发应用为核心的数字化技术治理，在激活企业碳减排意愿及赋能政府环境治理两方面实现突破。因其突出成效，"工业碳效码"已推广成为浙江全省推行应用的重要治理工具。基于 Z 市案例分析，本研究探索以下问题：地方治理实践如何通过技术治理创新打破工业低碳转型困境，实现对企业碳减排意愿与地方政府碳治理能力的双重激活？基于生态现代化理论，这一治理实践得以形成显著成效的深层逻辑是怎样的？

笔者自 2021 年初开始对 Z 市工业绿色低碳转型进行研究，于 2021 年 1 月、4 月、6 月、8 月、9 月以及 2022 年 9~10 月对该市相关政府职能部门、县区政府相关职能部门、乡镇政府工作人员、行业协会、企业主开展调查。主要通过访谈法、观察法获取第一手研究资料。同时，查阅地方志、统计资料、档案资料，对当地工业发展、转型历程以及环境治理历程获得了长时间跨度的了解。

二　文献综述及分析框架

（一）文献综述

工业绿色低碳转型困境本质上是一种社会困境。在经典理论范式"生产跑步机"理论的观点中，以工业污染为主要表现形式的环境危机具有深刻的经济与制度根源。二战后西方经济系统变迁成为一架一旦开动就停不下来的"大量生产－大量消费－大量废弃"的"跑步机"。[1]全社会每一个利益主体甚至每一个人都在为这架跑步机的运作做贡献。[2]经济增长和工业生产的持续扩张在全社会获得了前所未有的"合

---

[1] 大卫·佩罗、霍莉·布雷姆、柴玲：《理论与范式：面向 21 世纪的环境社会学》，《国外社会科学》2017 年第 6 期。

[2] 大卫·佩罗：《生产跑步机：环境问题的政治经济学解释》，载陈阿江主编《环境社会学是什么——中外学者访谈录》，北京：中国社会科学出版社，2017 年，第 21 页。

法性"，追逐无限增值的资本逻辑，追求税收、财政及公众就业的政府逻辑，与以消费和享受为诉求的社会逻辑相交织，形成以经济增长为共同目标的政治联盟①以及与之相适应的社会制度安排。生产跑步机理论认为，如果不对这一制度性根源加以突破，工业绿色转型便无从发生，但基于生产跑步机的理论逻辑，这恰恰是难以突破的。

中国经济发展及环境治理具有显著的政府主导型特征，国内环境社会学领域对工业绿色转型困境的探讨，主要以政府逻辑为切入点。一些地方政府在很大程度上都是"发展型政府"，以尽快做大经济总量为执政目标，② 但同时又承担着环境保护职能，面临"环境政府"与"发展型政府"间的角色竞争。③ 政经一体化增长推进机制下，④ 地方政府身陷"政绩跑步机"，⑤ 导致工业绿色转型进度缓慢。这一社会困境的深层要因源于近代以来中国追赶现代化的"次生焦虑"⑥ 以及社会转型期特有的结构、体制和价值特征。⑦

面对生态危机，社会系统的反应并非如生产跑步机理论所担忧的陷入僵化无策的境地。在生态中心论者对现代工业失去信心甚至主张以激进的社会变革和"去工业化"（deindustrialization）应对环境风险时，生态现代化理论提出从"超工业化"（superindustrialization）方向探寻工业的生态重嵌（re-embedding）出路。生态现代化理论乐观地认为"肮脏而丑陋的工业毛毛虫"可以蜕变为美丽的"生态蝴蝶"，⑧ 现代工业可以实现同时为经济增长及生态可持续发展提供支撑的双重目

① 耿言虎：《生产跑步机理论：缘起、内涵与发展》，《环境社会学》2022 年第 2 辑。
② 金碚：《中国工业化的道路：奋进与包容》，北京：中国社会科学出版社，2017 年，第 234 页。
③ 洪大用：《经济增长、环境保护与生态现代化——以环境社会学为视角》，《中国社会科学》2012 年第 9 期。
④ 张玉林：《政经一体化开发机制与中国农村的环境冲突》，《探索与争鸣》2006 年第 5 期。
⑤ 任克强：《政绩跑步机：关于环境问题的一个解释框架》，《南京社会科学》2017 年第 6 期。
⑥ 陈阿江：《次生焦虑：太湖流域水污染的社会解读》，北京：中国社会科学出版社，2009 年。
⑦ 洪大用：《社会变迁与环境问题》，北京：首都师范大学出版社，2001 年。
⑧ Huber Joseph，"Towards Industrial Ecology：Sustainable Development as a Concept of Ecological Modernization，" *Journal of Environmental Policy and Planning*，No. 4，2000，pp. 269 – 285.

标。在生态现代化理论视野下，生态现代化是现代化历程中的一个全新阶段。不同于传统现代化以农业社会的工业化转型为目标，生态现代化阶段的核心目标是工业社会的生态转型。[①] 因此，生态现代化理论研究将工业社会如何应对环境危机作为核心主题，在理论发展初期尤为重视技术创新的作用，后续更为强调制度调适，注重对"现代性的核心社会体制的转型"的系统性考察。[②]

中国的现代化及环保实践呈现明显的生态现代化取向。[③] 污染工业绿色转型的本土实践，不仅体现了"弱生态现代化"类型对技术革新的高度重视，"强生态现代化"的特点即融入生态考虑的社会制度改革[④]亦有显著体现。伴随着绿色政绩考核体系的建立以及生态环境损害责任追究、生态环境损害赔偿、环境保护督查、公众环保参与等环境制度建设，"政绩跑步机"机制对环境治理的影响发生变化，地方政府在推动工业绿色转型中的积极作用越发显著。地方政府的资金及政策支持，在解决污染工业绿色转型的难点即环境成本转化上起到重要作用。[⑤] 不同于简单的"去工业化"，地方政府以政策扶持企业技术革新，民众、媒体及环境公益组织等多元主体共同参与环境治理，[⑥] 是近年来污染工业绿色转型的实践样态。

减碳作为工业绿色转型的新阶段目标，与降污有所不同。碳排放的社会影响是弥散的，周边居民不会因为居住距离更近遭受更大危害，相

① Huber Joseph, "Towards Industrial Ecology: Sustainable Development as a Concept of Ecological Modernization," *Journal of Environmental Policy and Planning*, No. 4, 2000, pp. 269–285.

② 阿瑟·莫尔、戴维·索南菲尔德：《世界范围的生态现代化：观点和关键争论》，张鲲译，北京：商务印书馆，2011年，第4~5页。

③ 洪大用：《经济增长、环境保护与生态现代化——以环境社会学为视角》，《中国社会科学》2012年第9期。

④ Peter Christoff, "Ecological Modernisation, Ecological Modernities," *Environmental Politics*, Vol. 5, No. 3, 1996, pp. 476–500.

⑤ 刘凌、肖晨阳：《生态现代化视角下农村工业环境成本转化机制》，《河海大学学报》（哲学社会科学版）2022年第2期。

⑥ 刘敏、包智明：《西部民族地区的环境治理与绿色发展——基于生态现代化的理论视角》，《中南民族大学学报》（人文社会科学版）2021年第4期。

应地，企业减碳的外部压力往往更少来自周边居民，政府及市场需要在驱动企业转型上发挥更为重要的作用。强化工业低碳发展的顶层设计，有利于工业低碳转型的宏观制度环境的逐渐形成。在"双碳"目标成为硬约束的背景下，成功的地方经验具有重要价值，有必要通过深入的经验研究，对工业低碳转型的现实逻辑及理论逻辑做进一步的讨论和分析。

（二）分析框架

在工业系统的低碳转型中，实现"经济生产的低碳化"与"低碳生产的经济化"至关重要。在生态现代化理论代表人物摩尔看来，工业系统的生态转型需要"生态经济化"（economizing of the ecology）及"经济生态化"（ecologizing of the economy）的相辅相成。[①] "生态经济化"的要义是实现外部性的内部化，其基本路径比如自然资源货币估价、征收环境税等，主要依赖制度创新。[②] "经济生态化"则主要依赖企业生产的技术创新。虽然生态经济化与经济生态化的重要性得到重视，但生态经济化在现实中面临的重重困难未被充分探讨。在企业层面，生态经济化面临现实难题：自然资源被赋价后，外部性的内部化意味着生产成本的大幅提升。牺牲经济效益的环境保护往往难以持久。[③] 因而，倘若能够实现稳定的环境成本内部化－再外部化，[④] 或者说企业采取生态型生产方式后，相比传统生产方式能够实现更多收益从而抵

---

① Arthur P. J. Mol, *The Refinement of Production*：*Ecological Modernization Theory and the Chemical Industry*，*Utrecht*，*the Netherlands*，Utrecht：Van Arkel，1995，p. 39.

② 参见金书秦、Arthur P. J. Mol、Bettina Bluemling《生态现代化理论：回顾和展望》，《理论学刊》2011年第7期；戴维·索南菲尔德《生态现代化的矛盾：东南亚地区的纸浆与造纸业》，载阿瑟·莫尔、戴维·索南菲尔德《世界范围的生态现代化：观点和关键争论》，张鲲译，北京：商务印书馆，2011年，第329~331页。

③ 陈涛：《生态现代化视角下对皖南农村发展的实证研究——兼论当代中国生态现代化的基本特征》，《现代经济探讨》2008年第7期。

④ 刘凌、肖晨阳：《生态现代化视角下农村工业环境成本转化机制》，《河海大学学报》（哲学社会科学版）2022年第2期。

消其环境成本，企业才更可能形成绿色技术应用、内部化环境成本的意愿，从而持久稳定地践行绿色生产。概言之，生态型生产的充分经济化，是生态经济化以及经济生态化的重要前提之一。具体到工业减碳领域，工业低碳转型本质上是要达成"经济生产的低碳化"，而这一目标能否达成在较大程度上取决于"低碳生产的经济化"状况，即纳入高昂环境成本的低碳生产模式能否为企业带来稳定的经济收益。

当前激发企业低碳生产的市场及社会环境尚不友好，由政府基于政策调适为企业主体提供低碳生产经济化的政策环境至关重要，这无疑对地方政府治理能力提出新的挑战。其一，地方政府内部的科层协同能力亟待提升。需要对分散于多个职能部门的碳数据具有信息协同能力，做到精准计量、汇集和分析辖区内各地区、各细分行业、规模大小不等的企业的用能及排碳数据。需要实现辖区内各层级、各相关职能部门的联动治理。其二，需具备构建合理指标体系对企业类型化处理的认知能力，以及对不同企业精准匹配治理手段的靶向施策能力。工业减碳与地方经济社会运行紧密关联，以工业减碳为目标的政策构建，不能仅考虑企业碳排放强度，还需要对企业碳排放的行业差异、企业转型能力等重要方面给予综合评价。基于合理的评价体系差异化施策，在经济、社会及环境等多目标的动态平衡中稳妥地安全降碳。

Z市的地方实践中，技术治理创新是激活地方政府工业碳治理能力以及企业碳减排意愿的关键所在。近年来技术治理越来越受到各级政府的重视，也越来越多地被学界所讨论。以往研究主要在两个层面上理解技术治理。其一，将技术治理理解为国家治理中的"技术化"调适，如从"总体性支配"发展为"行政科层化的技术治理"，行政规范、行政监督与考核等方面全面技术化。[①] 其二，将技术治理理解为政府通过引

---

① 渠敬东、周飞舟、应星：《从总体支配到技术治理——基于中国30年改革经验的社会学分析》，《中国社会科学》2009年第6期。

入具体的新技术如现代数字技术等，提升政府在某一领域的治理效能。[①] 本研究主要在第二个层面上将技术治理理解为地方政府将数字技术嵌入地方治理体系，基于工业领域企业碳排放信息的收集、挖掘以及创造性应用，重构政策体系，实现工业减碳领域的有效治理。

在 Z 市，地方政府技术治理创新驱动下的地方工业低碳转型逻辑如图 1 所示。一方面，新的技术治理手段重塑企业认知，在一定程度上激活企业的转型意愿，推动企业实施生产流程的低碳改造，推动实现工业领域"经济生产的低碳化"。工业碳效码应用后，企业被赋予新的"碳身份"，对碳强度及其在同行企业中所处的水平有"自知之明"，一种不同于宏观低碳话语的具有切身现实感的深层碳认知得以建立，技术革新的内在意愿得到驱动。另一方面，技术治理创新赋能政府治理。工业碳效码的开发应用，通过提升地方政府碳治理的科层协同能力及靶向施策能力，使政府有能力通过调适政策构建起"低碳生产的经济化"的政策环境，以政策红利激活企业生产改造的行动自觉，进一步推动工业领域"经济生产的低碳化"。技术治理手段创新带来治理机制的整体优化，使工业系统的低碳转换取得突破性进展。

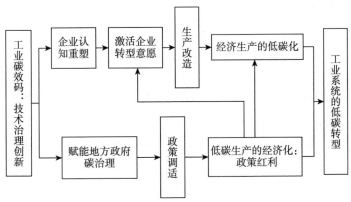

图 1　基于技术治理创新的地方工业低碳转型逻辑

---

① 黄晓春：《技术治理的运作机制研究——以上海市 L 街道一门式电子政务中心为案例》，《社会》2010 年第 4 期。

三 技术治理创新与企业认知重塑

面对工业减碳，Z市地方政府最初处于"急但又没有办法"的状态。[①]"没有办法"是缺少现成的治理手段可用，虽然过去工业污染问题治理的成效突出，但将治污手段简单借用于减碳并不适宜。"急"，则是因为面向减碳目标，Z市在工业结构、企业认知及技术能力、碳信息收集上面临多重困难。2021年Z市全市工业增加值的60%以上来自传统产业，[②]用能偏重传统化石能源，节能降碳非常艰难。Z市工业经济发展水平最高的C县，工业碳排放占全县碳排放总量的82%，其中非金属制品、纺织印染及化纤三大高碳行业碳排放占工业碳排放的比例接近80%，[③]工业经济深度脱碳可谓迫在眉睫。但在工业碳效码应用前，关于准确的企业碳信息则是企业不清楚、地方政府不知晓。企业用能、碳排放信息构成复杂，部门间的信息壁垒阻碍着信息共享与整合，因此，在完善的碳排放数据采集共享体系建立前，地方政府的碳治理工作缺乏信息基础和治理抓手。为打破这种大部分企业对减碳"无动于衷"而地方政府又"束手无策"的困境，Z市地方政府探索出"工业碳效码"这一技术治理工具。

（一）工业碳效码：技术治理的地方创新

数字技术快速发展为社会治理转型提供了新的技术支撑，近年来，各领域"码上治理"的创新实践层出不穷。[④]"码"作为符号中介，所传递的是重要的治理信息。在"扫码""看码"的瞬间，达成了主体与

---

① 来自访谈资料，访谈编号：HJXC20220928。
② 数据来源：Z市C县地方政府相关职能部门提供。
③ 数据来源：Z市C县地方政府相关职能部门提供。
④ 张晓敏、阎波、朱衡、刘瑶：《"码"上联结：流动性社会中的治理何以可能?》，《电子政务》2022年第4期。

信息的连接，实现治理主体间的信息传递与虚拟沟通。① 相比传统治理方式，"码上治理"以信息集成为基础，有利于解决治理主体间的信息不对称以及低治理效能的问题。工业碳效码是 Z 市为实现有效的工业碳治理而专门开发的治理工具。工业碳效码直接表征的是企业的碳效对标等级。在企业端的工业碳效码 App 上，企业某年某季度的碳效码一目了然。碳效码并非简单的二维码，而是"一码三标识"，由企业的碳水平对标评价等级、碳效率对标评价等级、碳中和对标评价等级 3 个标识构成。同时，碳效码的界面上还直接显示了企业的碳排放总量等数值。2022 年 Z 市发布工业碳效码 App2.0 版，用户在企业端的 App 上除了可以查询企业碳效码，还可以浏览碳诊断、碳技改等应用版块以及绿色金融、绿电交易等数字"超市"，形成了围绕碳的"一键办理"式的数字化服务平台。

工业碳效码的一个独特之处是其基于复合评价指标形成。其他地区对企业碳排放水平的评价实践如"低碳码""碳均论英雄"等，一般将企业碳强度②作为唯一指标。Z 市工业碳效码由 3 项核心指标构成：碳水平对标评价，即企业碳强度评价；碳效率对标评价，即企业碳强度在其所属行业中的位置；碳中和对标评价，即通过对企业某一周期内的碳中和量与能源所需碳排放总量进行比较得到碳中和率。③ 其中，水平对标评价的方法是将企业某一周期内单位增加值碳排放量（以 L 表示）划分为低碳、中碳、高碳 3 个等级。L 的计算方法为：企业某一周期内总耗能产生的碳排放量/企业同一周期的经济增加值。当 L > 2.0 吨/万元时，设定为高碳等级，代表企业单位增加值碳排放量处于高水平。当 0.6 吨/万元 < L ≤ 2.0 吨/万元时，为中碳等级，代表企业单位增加值碳

---

① 陈树文、王敏：《数字时代"码上治理"的机遇、挑战与应对策略》，《中州学刊》2023 年第 2 期。

② 碳强度（carbon intensity），指单位 GDP 碳排放量，实践中一般将碳强度操作化为万元 GDP 碳排放量。碳强度，在一些地区的政策实践中被称作"碳均水平"。在 Z 市碳效码评价体系中被称作"碳水平对标评价"。

③ 资料来源：《Z 市工业碳效对标（碳效码）管理办法（试行）》。

排放量处于中等水平。倘若 L≤0.6 吨/万元，则为低碳等级，代表企业单位增加值碳排放量处于低水平。效率对标评价方法指的是：根据企业某一周期内单位增加值碳排放量与所处行业同期单位增加值碳排放量平均值进行比较得出碳效值（用 K 表示），基于碳效值大小将企业分为5 个等级。当 K≤0.6 时，评定为 1 级，表示企业碳效率高。当 0.6＜K≤0.8 时，评定为 2 级，代表企业碳效率较高。当 0.8＜K≤1.2 时，评定为3 级，表示企业碳效率处于行业平均水平。当 1.2＜K≤2.0 时，评定为 4级，表示企业效率较低。当 K＞2.0 时，则评定为 5 级，代表企业效率低。① 如此，基于企业碳水平对标评价与碳效率对标评价两个核心指标，工业企业可被细分为从高碳 1 级到高碳 5 级、从中碳 1 级到中碳 5级以及从低碳 1 级到低碳 5 级的 15 种类型（见表 1）。

表 1　基于碳水平对标评价及碳效率对标评价的企业类型

	高碳 （L＞2.0 吨/万元）	中碳 （0.6 吨/万元＜L≤ 2.0 吨/万元）	低碳 （L≤0.6 吨/万元）
1 级（K≤0.6）	高碳 1 级	中碳 1 级	低碳 1 级
2 级（0.6＜K≤0.8）	高碳 2 级	中碳 2 级	低碳 2 级
3 级（0.8＜K≤1.2）	高碳 3 级	中碳 3 级	低碳 3 级
4 级（1.2＜K≤2.0）	高碳 4 级	中碳 4 级	低碳 4 级
5 级（K＞2.0）	高碳 5 级	中碳 5 级	低碳 5 级

资料来源：作者自制。

在工业碳效码设计中纳入复合评价指标的独特做法，暗含了地方政府对"减碳"与"稳增长"协同推进的考虑。相比其他一些地区仅看重企业碳水平对标评价指标的做法，工业碳效码的指标设计在重视企业碳水平对标评价的同时，同样重视碳效率对标评价，即企业在所属行业中的水平。这一做法有利于避免对高碳行业所有企业的"一刀切"

---

① 资料来源：《Z 市工业碳效对标（碳效码）管理办法（试行）》。

现象。以 Z 市一家做平板玻璃深加工的 QB 公司为例，平板玻璃制造属于非金属制品行业，是典型的高碳行业。如果仅将碳水平对标作为单一指标评价 QB 公司，其评价结果显然高于低碳行业的企业，但如果同时对该企业开展碳效率对标评价，衡量其碳强度在行业中的水平，那么会发现该企业在碳效率方面是同行业中的佼佼者。如前文所述，Z 市工业中传统高碳产业占比较高，在非金属制品、纺织、化纤等行业中与 QB 公司类似的企业数量较多，虽然这些企业碳水平对标评价结果为高碳或中碳，但碳效率评价结果往往是 1 级、2 级，高于行业平均水平。倘若不考虑行业特殊性，简单基于碳水平对标评价对这类企业"一砍了之"，将对区域经济乃至整个产业链造成极大破坏。概言之，工业碳效码复合指标评价的做法，使得地方政府对不同行业、对高碳高效型企业与高碳低效型企业分类施策成为可能。

以工业碳效码的开发应用为契机，地方政府建立起工业碳数据仓。如果说企业使用的工业碳效码 App 是"前台"，地方政府所使用的工业碳数据仓则是碳效码的"后台"。工业碳效改革实施后，地方政府实现了对辖区内"碳家底"的精准认知，也实现了对全域内各区县、各行业、各企业碳排放的"科学称重"。与此同时，通过工业碳效复合型评价体系的设计，稳增长与减碳协同推进的双重目标被充分考虑，为对企业分类型靶向施策提供了抓手。

（二）"碳身份"建构与企业认知重塑

行动者做出生态兼顾型决策，往往以生态认知的建立为前提。即便是环境风险企业，其生产经营也不必然与生态利益决然对立，激活企业的生态认知尤为重要。包括低碳认知在内，任何维度的生态认知的生发生长都并非轻而易举，需要经历一个认知、反思、再造与重塑的过程。贝克将生态启蒙视为人类历史上的"第二次启蒙"。在他看来，生态启蒙是对"第一次启蒙"形成的理性的合理性消解，或者说是"理性的理性化"。^① 这种否定过去工业社会生产方式的生态启蒙，需要从宏观到微观系统地"设计"出来。^② 企业碳认知的启蒙同样如此。

工业碳效码的应用，正起到企业碳认知启蒙的作用。工业碳效码正式启用后，每家企业均获得其独有的碳效码。赋码的过程，实则为以"碳"为标签的企业身份建构的过程。在工业治理领域，为达成特定的治理目标，以特定评价体系将企业类型化、实施差别化政策的治理路径较为常见，所体现的是通过身份再造、身份差序性建构导向特定目标的治理逻辑。例如，地方绿色工厂星级评价一般根据评价结果将企业类型分为一星级企业到五星级企业，星级身份决定了企业在当地能够获得的资源要素以及是否具备申报省级、国家级绿色工厂的资格。在Z市还有"金象企业""金牛企业"认定等。此类评比为企业赋予的身份标签承担着调节企业认知与行动的治理功能，意味着来自地方制度性的荣誉与认同或是否定与倒逼，也与企业利益直接挂钩。工业碳效码推行后，Z市被赋码的企业获得新身份，基于碳水平对标及碳效率对标形成的15种排列组合指向15种"碳身份"（见表1）。

碳身份的建构从内外两方面重塑企业的碳认知。其一，使得企业第一次对自身的碳排放有了"自知之明"。虽然近十多年中，"低碳""减碳"成为政府、媒体及学界话语中的高频词，但大多数企业过去对其生产运行中的碳排放问题并不关心，亦不清楚其用煤、用气、用电等用能行为及其生产用料包含了多少直接以及间接的碳排放。地方政府将来自多部门并经过科学核算的信息作为企业个体的碳身份，并以碳效码的形式直观地反馈给企业。对于大部分企业来说，这是其首次对自身碳强度、在所属行业中的位置以及碳中和率获得精准了解。企业对碳的认知亦第一次从遥远、悬浮、模糊的状态变为清晰、现实、切身的状态。

---

① 潘斌：《风险社会与生态启蒙》，《华东师范大学学报》（哲学社会科学版）2012年第2期。
② 乌尔里希·贝克：《从工业社会到风险社会（下篇）——关于人类生存、社会结构和生态启蒙等问题的思考》，王武龙编译，《马克思主义与现实》2003年第5期。

其二，企业的碳身份犹如库利所阐述的"镜中我"，对企业在政企互动中的反观自照、自我重建产生影响。企业一般对地方政策动向高度敏感。碳身份由地方政府赋予，体现的是地方政府视野下的企业状况。基于碳身份，企业一方面认识到自身在政府碳评价体系中的位次，另一方面意识到地方政府对减碳的高度重视以及低碳转型对企业未来获得政策支持的重要性。

较多企业在获知碳身份后形成颠覆性的自我认知，尤其是一部分过去在亩均税收、绿色工厂等各类评价中的明星企业。例如，SF 纺织印染有限公司作为全国首批印染行业规范企业，曾获得国家高新技术企业、国家清洁生产示范企业、国家级专精特新"小巨人"企业以及浙江省绿色企业等多个重量级称号，在经济效益及污染防治上可谓行业翘楚，但碳效率评价结果为 4 级，尚未达到行业平均水平，企业相关管理人员表示在得知这一信息时"吓了一跳"。

部分企业在建立深层的碳认知后，形成生产转型的内在意愿，在生产行为上做出调整。如 Z 市的化纤企业 TK 集团股份有限公司被赋予"高碳 2 级"的碳身份后，积极自主地减碳增效，2021 年复评时获得"中碳 1 级"的新身份。但在另一些企业行动者中存在"吉登斯悖论"现象，其认知自觉未能直接转化为行动自觉。地方政府后续以减碳为目标深度重构工业政策，对激发这部分企业转型意愿发挥了重要作用。

四　技术治理创新与政策重构

基于法理权威以理性原则建立的"科层制"是现代政府的组织基础，这一组织形式相比传统政府治理具有规范化、专业化、高行政效率等特征，但其自身运行逻辑的悖论在一定程度上限制了有效治理的达成，以新一代技术治理突破科层制政府治理的局限是政府治理现代化的发展趋势。[①] 工业碳效码在碳治理领域的效应并不局限于重塑企业的碳认知，通过对地方政府碳治理的整体性赋能，地方政府有能力构建起"低碳生产的经济化"的政策环境。以"低碳有红利"为特征的政策设计，形成了以经济激励为特征的政策诱导型低碳驱动，弥补了市场环境对企业低碳转型驱动不足的问题。在政策红利下，大规模的企业政策响应汇集形成"经济生产的低碳化"效应。

（一） 工业碳效码赋能政府治理

技术与组织互嵌互构。[②] 技术系统的选择与应用受到组织利益、组织制度的影响；[③] 数字技术的组织嵌入通过改善组织运行机制，[④] 可以促进组织效能的提升。工业碳效码赋能政府碳治理的逻辑正在于此。

其一，工业碳效码的开发和应用，有效促进科层协同。一方面，工业碳效码的开发和运用，打破了部门间的信息壁垒。基于工业碳效码的开发，地方政府需从哪些部门提取哪些信息变得明朗。以给企业赋码为目标指引，地方政府跨部门提取信息，汇集不同层级不同部门的39类数据，构建起一体化的工业碳数据仓以及碳管理平台。各部门与企业"电－能－碳"相关的数据因此从零散到集中，从模糊到清晰，从封闭到共享。基于工业碳效码的应用，碳信息流动机制发生变化，信息流动通畅度以及流动效率得以提高。

另一方面，以高效推进工业碳效码工作为目标，地方政府组建工业碳效改革工作专班，推动实现碳治理过程中的纵向跨层级协同以及横向跨部门协同，规避政策阻滞。工业碳效改革工作专班由市政府牵头，

---

① 江文路、张小劲：《以数字政府突围科层制政府——比较视野下的数字政府建设与演化图景》，《经济社会体制比较》2021年第6期。

② 邱泽奇：《技术与组织的互构——以信息技术在制造企业的应用为例》，《社会学研究》2005年第2期。

③ W·理查德·斯科特、杰拉尔德·F·戴维斯：《组织理论：理性、自然与开放系统的视角》，高俊山译，北京：中国人民大学出版社，2011年，第158～159页。

④ 黄晓春：《技术治理的运作机制研究——以上海市L街道一门式电子政务中心为案例》，《社会》2010年第4期。

由市发改委、经信局、生态环境局、金融办等多部门联合组建。Z市发改委负责将碳效评价结果与有序用电用气、能源双控、项目准入、高耗能监管相结合；经信局将碳效评价结果与绿色制造评价、亩均评价等相结合，引导企业差别化地制定降碳减量计划；生态环境局将区域碳强度与区域环境资源分配相结合，引导企业开展碳排放交易；金融办则深化绿色金融改革，鼓励金融机构创新绿色金融产品等。概言之，以工业碳效评价结果为抓手，各层级的减碳任务以及各部门的减碳职责分配有"数"可循，各层级各部门减碳绩效评价有"术"可依，有助于达成目标统筹下的深度协同治理。

其二，工业碳效码赋能地方政府精准施策。工业碳效码的开发应用，改善了碳治理信息不足、治理主体及对象不清、治理效能难评估等问题，地方政府的精准治理能力在以下几方面得到激活。（1）增强地方政府精准识别问题的能力。工业碳效码的应用帮助地方政府解决了长期面临的"碳家底"不清楚的问题。在对区域、行业、企业的碳排放、碳强度等获得全面掌握的基础上，碳治理所需要聚焦解决的问题一目了然。（2）增强地方政府精确识别治理对象的能力。基于工业碳效码，企业被赋予高碳高效、高碳低效、低碳高效、低碳低效等多种类型共15种不同的碳身份。借助企业碳身份，最迫切需要减碳改造的企业得以被精准识别。（3）针对不同类型的企业以差别化的政策加以匹配，政策靶向性亦获得提升。此外，通过企业工业碳效码的周期性评估，地方政府获得对治理效能的精准评估能力。

基于工业碳效码的应用，Z市工业碳治理从部门分割式治理走向了协同式治理，地方政府精准决策与施策能力得到整体性提升。这为地方政府重构和推行相宜的政策体系、驱动治理对象形成减碳改造的行动自觉提供了治理能力的准备。

（二）"低碳生产的经济化"：政策体系的调适

哈耶尔认为向生态现代化转型至少有六个重要的方面，其中"环境保护增加成本"的观念转变为"污染防治有回报"的观念尤为重要。①绝大多数企业是典型的工具理性思维持有者，在市场型环境保护回报充分显现前，由政府积极有为地构建环境保护有回报的政策体系不可或缺。这也是为什么在德国、荷兰等国家的早期生态现代化经验中，为系统实现工业生产的生态重嵌，政府积极主动奉行干预主义，以良好的环境政策、公共投资及补贴作为重要支撑。② Z市工业碳效综合改革成效可观，至关重要的是地方政府以政策改革形式形成了"低碳有红利、高碳有压力"的效应。一方面，对高碳低效型企业施压并给予改造扶持。以碳效码为高碳5级、高碳4级的企业为重点开展专项治理行动，向企业派驻"碳效工程师"，为高碳低效企业开展节能诊断，推动企业减碳技改。另一方面，通过一系列政策调整，引导发展要素流向低碳高效型企业，以政策红利引导企业转型。其政策调整主要包括以下几个方面。

其一，将碳效评价作为重要指标纳入亩均效益评价体系，形成"含碳型"高质量发展评价体系，碳效评价结果直接影响企业资源要素的获取。"亩均论英雄"综合改革发源于浙江省，2015年在全省推广以来成为浙江省经济高质量发展的主要抓手。"亩均论英雄"综合改革的核心思路是对"亩产效益"评价结果为A、B、C、D四个不同等级的企业实行资源要素差别化配置，将稀缺的发展要素向高效领域、高效企业集中。早期"亩产效益"评价指标由以亩均税收、亩均工业增加值为主的四项指标构成，2018年增加为六项指标。2021年Z市出台"亩均论英雄"改革3.0版，增设碳效评价指标。在新的评价体系中，亩均碳效指标获得了仅次于亩均税收及亩均工业增加值的权重系数：亩均

---

① M. A. Hajer, *The Politics of Environmental Discourse: Ecological Modernisation and the Policy Process*, Oxford: Oxford University Press, 1995, pp. 28 – 29.

② A. Weale, *The New Politics of Pollution*, Manchester: Manchester University Press, 1992; Peter Christoff, "Ecological Modernisation, Ecological Modernities," *Environmental Politics*, Vol. 5, No. 3, 1996, pp. 476 – 500.

税收权重 45%、亩均工业增加值权重 20%、亩均碳效指标权重 15%，其他四项指标权重共计 20%。① 据地方部门统计，增加碳效评价指标后，Z 市超过 10% 的规上企业亩产效益等级发生变化，其中评价等级降低的企业接近 200 家，160 多家企业评价等级因此提升。② 评价等级的变化，意味着企业在用地、用电、用水、用气及排污等方面均享受不同政策，于企业而言是赢利及生存空间上的变化。

其二，创新绿色金融改革，推动企业减碳增效。Z 市出台《关于金融支持工业碳效改革的实施意见》等，建立支持碳效信贷业务的政策体系。多家银行响应政策，创新推出"碳效贷""碳中和优惠贷""碳惠贷""碳改贷"等绿色金融产品，定向支持低碳企业发展以及高碳企业节能减碳。对于授信额度的审批及贷款利率的优惠度，企业碳效码等级是重要因素。低碳企业融资成本因之大为降低，2021 年以来大批企业因为碳效率对标等级为 1 级、2 级而获得低息贷款，另有一部分企业则因为碳效水平倒退被银行降低授信额度、提高贷款利率。

其三，将碳效评价纳入绿色工厂评价，激励和引导企业提高碳效水平。Z 市将企业的碳效码等级纳入星级绿色工厂的评价标准，并作为国家级绿色工厂、省级低碳工厂的推荐条件，激励企业实施低碳改造。2021~2022 年，Z 市将碳效评价结果应用于 3460 余家星级绿色工厂，推动 450 多家绿色工厂提升星级。③ 除上述政策外，Z 市还出台了《绿电交易与碳效结果应用细则》以及《关于全面开展碳账户建设的实施意见》等政策，推动和扶持企业减碳。

通过政策重构，地方政府创造了低碳生产经济化的制度环境。政策红利对企业转型形成直接的经济激励和引导。当企业以传统生产方式仍可盈利时，往往会产生转型"惰性"，这也是企业层面上"碳锁定"

---

① 其他四项指标及权重：人才密度权重 4%，R&D 经费支出占营业收入比重权重 8%，全员劳动生产率权重 4%，单位排放增加值权重 4%。
② 数据来源：Z 市相关职能部门提供。
③ 数据来源：Z 市相关职能部门提供。

问题的根源。改变政策环境，使得企业的碳行为与其盈利和发展空间相关联，是从根本上改变企业行为偏好的关键。

（三）"经济生产的低碳化"：企业政策响应

如果说碳效码对企业碳身份的赋予，对大部分企业的影响停留在认知启蒙的层面，那么上述系列政策调适则起到了进一步激活企业行动自觉的作用。新的政策所形成的"低碳生产的经济化"效应，使企业低碳生产变得"有利可图"，激发起企业低碳转型的内在动机，促进其以行动自觉与地方政策形成"共振效应"。

Z市工业生产呈现低碳化的总体趋势。相比2020年，2021年碳排放量超过2吨/万元的高碳企业数占规上工业企业数的比重下降9.3%。自2021年开启工业碳效综合改革到2022年连续两年参评的3153家企业中，碳水平对标评价等级提高的企业有331家，占比10.5%，这部分企业从高碳等级提升为中碳等级甚至低碳等级，或从中碳等级提升为低碳等级；碳效率对标评价等级提升的企业有628家，占比19.9%。[①] 截至2022年底，Z市共有国家级绿色工厂48家，占全省总数的21.9%，排名全省第二；国家级绿色工业园区5个，占全省总数的35.7%，排名全省第一。

这一总体趋势以众多企业积极的政策响应为基础。田野调查中，Z市企业常见的减碳路径有技术创新与淘汰落后、清洁能源使用或绿电交易、资源循环利用、设备智能化改造等。一部分技术能力相对较强的企业，在新的政策环境下，低碳技术创新取得突破。比如浙江SY装备有限公司，利用可燃气体通过触媒板可产生中波红外辐射的原理研发出红外触媒烘干技术，降低了50%的能源消耗，减少了企业的碳排放及氮排放。一部分企业受政策激励舍弃原设备和工艺，增加投入购置低碳设备。例如，浙江JG金属制品有限公司拆除二段连续推钢式加热炉，

---

① 数据来源：Z市相关职能部门提供。

采用新型三段推钢式 30t/h 天然气加热炉，实现年节能量（等价值）425tce，减碳 1105t。较多企业利用厂房屋顶等厂区空间建设光伏发电项目以扩大清洁能源使用。如前文曾提及的 TK 集团利用厂房屋顶闲置面积建设分布式光伏发电系统，光伏总装机容量超过 10.7MWp，年发电量超过 1000 万 kW·h，每年可节约标准煤 3000t，减少二氧化碳排放量达 5000t。除上述几种类型外，利用绿电交易等措施减碳的企业亦不在少数。

回到企业的决策逻辑，企业对政策积极响应并推进生产的低碳化转型，本质上是企业经营者内在低碳利益自觉被激活的外在表现。企业的生态利益自觉是指企业经营者自觉意识到生态或环境的"外部性"可以给企业造成经济损失或带来经济收益的状态。[①] 低碳利益自觉是生态利益自觉的子类型，低碳利益自觉的产生是企业经营者观念转型的转折点。低碳利益自觉形成后，企业的理性观发生变化，过去关于生产低碳转型有损自身利益的观念失去合理性，减碳改造被视为有利于企业盈利并给企业未来发展带来更大机遇的重要事项。虽然生态利益自觉仍然以企业利益为出发点、以人类利益为中心，但兼顾了人类利益与环境利益，[②] 是生产观念层面的根本性改变，亦是经济生产低碳化实践的重要前提。

从各国生态现代化的实践经验来看，因为企业缺乏将环境保护纳入生产过程的内在动力，超工业化难以在工业系统内部自发地实现是普遍现象。[③] 以工业碳效码的开发和应用为基础，以减碳为目标调适地方工业发展政策，Z 市的工业碳治理通过低碳生产经济化的政策重构促成工业领域"经济生产低碳化"的新格局，实现了对这一普遍难题的

---

① 陈阿江：《再论人水和谐——太湖淮河流域生态转型的契机与类型研究》，《江苏社会科学》2009 年第 4 期。

② 陈阿江：《再论人水和谐——太湖淮河流域生态转型的契机与类型研究》，《江苏社会科学》2009 年第 4 期。

③ 肖晨阳、陈涛：《西方环境社会学的主要理论——以环境问题社会成因的解释为中心》，《社会学评论》2020 年第 1 期。

破解。当然，其积极的政策效应是否限于地方工业的短时减碳，还有待后续进一步观察。虽然地方政策实践建立起地方工业低碳转型的先行优势和发展韧性，使得当地企业在未来低碳趋向的市场环境中具有获得更大市场红利的能力，但未来市场环境是否能够有利于企业实现更进一步的"低碳产生的经济化"从而形成良性循环，还有不确定性。

五　余论

当代社会变迁的一个重要趋势是环境控制系统的不断完善及其对经济系统持续的深层干预。[①] 虽然现代性曾在较长时期中表现得像一台拥有巨大动力的、失控的"发动机"，[②] 制造出现代制度难以应对的生态危机及社会风险，但如哈贝马斯所言，现代性是一项"未竟事业"，[③] 为应对气候危机等各类生态问题，各国各地区不断探索生产方式转型及制度建设，推动工业系统的生态重嵌，使得问题和风险变得相对可控。Z市近年实施的工业碳效改革，是区域性的生态现代化实践。在信息技术快速发展的数字化浪潮中，地方政府以技术治理创新为突破点，为解决市场弱调节下企业低碳认知及转型意愿不足、地方政府治理能力不足这一双重困境探索出路。工业碳效码的开发与应用，以碳治理手段革新推动实现了治理机制的再造。一方面，通过对每个企业赋码建构企业"碳身份"，促成企业低碳认知的深层启蒙以及转型意愿的萌发。另一方面，以开发和运用工业碳效码为抓手，地方政府建立工业碳数据仓，改变了过去碳数据分散于各部门难以系统化应用的格局，在对各县区、行业、企业碳效水平获得精准掌握的基础上，地方政府对各地区、

① 舩桥晴俊、程鹏立：《环境控制系统对经济系统的干预与环保集群》，《学海》2010年第2期。
② Giddens Anthony, *The Consequences of Modernity*, Cambridge：Polity Press, 1990, p. 131, p. 139.
③ Habermas Jurgen, *The Philosophical Discourse of Modernity：Twelve Lectures*, Cambridge, Mass：MIT Press, 1987.

各行业以及各类企业的靶向施策能力得到激活和释放。基于政策重构建立起来的"低碳生产的经济化"环境,以及广泛的企业响应汇聚而成的"经济生产的低碳化"效应,当地工业系统的低碳转型取得了突破性进展。

当然,这一生态现代化实践能否长久可持续,还取决于当地政策支持的延续性状况,以及未来市场环境能否给这些率先转型的企业带来稳定的市场红利。Z市工业碳效改革在主体构成上的一个突出特点是地方政府扮演主导者,"低碳生产的经济化"环境是由地方政府通过政策调适形成的以政策红利为驱动的制度环境,并非市场机制下的经济环境。在企业绿色低碳转型观念滞后、市场条件不足的情境下,地方政府主导型环境治理有其必要性,但以地方政策支撑为主的生产低碳转型,也可能因为地方政府支持力的撤出成为"短命"实践。这涉及地方政府发起工业碳效改革的动因,究竟是源自创新竞争、寻利动机下的政绩冲动,还是生态认知以及对低碳发展的深层认同。倘若是后者,当地工业低碳转型可能进入良性循环。但倘若是前者,那么随着地方主政者流动或者政府注意力转移,工业碳效改革未来将可能走向形式化甚至终止。

工业系统的低碳转型意味着对传统发展模式的根本性挑战,从高碳工业体系向低碳工业体系的转型,本质上是社会系统应对生态限制的深度社会调整和社会转型。作为一个内部发展不平衡的大国,中国工业低碳转型仍然面临多重困难,一些地区的经济社会发展对传统工业发展模式具有较强的依赖性,生态认知与生态行为不对称的"吉登斯悖论"在这些地区仍然可能长期存在。从Z市工业碳治理的地方实践经验来看,在当前的结构背景下,发挥地方政府的主导者角色,以技术治理激活企业转型意愿及赋能政府治理,通过政策调整构建减碳与企业利益兼容的环境条件,激发企业转型的主动性等至关重要。

与"碳"结缘的学术足迹

——方恺教授访谈录

方　恺　罗亚娟　闫春华*

　　导　读：气候变暖是全人类面临的共同挑战。作为最大的发展中国家以及二氧化碳排放量最大的国家，中国面临经济发展与碳减排协同推进的艰巨挑战。受访人方恺系浙江大学公共管理学院第一位长聘教授，长期深耕于环境管理、气候政策、可持续发展等领域，产出了一系列突破性的创新成果。在此次访谈中，方恺教授首先介绍了他的教育经历和研究脉络，正是在国内外求学探索的过程中，他逐渐形成了综合的学科背景和广阔的学术视野，建立起对环境足迹、行星边界、碳排放、碳市场、环境可持续性、可持续发展目标等主题的研究兴趣。接着，他重点围绕气候政策领域，介绍了碳足迹测算与碳标签应用、碳排放权分配中的公平与效率问题以及区域协同减排的机制构建等。在反思国内目前减排效能的基础上，方恺教授认为"双碳"目标实现的主要挑战源自生态环境治理体系和治理能力问题。同时，他对气候变化的真实性与建构性、国际产业分工格局下的减排责任分摊等全球气候治理议题展开了深入讨论。方恺教授的研究具有较强的前瞻性、综合性和系统性，其不拘泥于单一学科视角和研究方法的特点，对社

---

*　受访者：方恺，浙江大学长聘教授、博士生导师，国家高端智库浙江大学区域协调发展研究中心副主任，浙江大学环境与能源政策研究中心副主任，浙江大学行政管理研究所副所长，主要研究方向为环境管理与政策、能源与气候变化、生态经济、产业生态、可持续发展。访谈者：罗亚娟，河海大学社会学系、环境与社会研究中心副教授，主要研究方向为环境社会学；闫春华，浙江师范大学国际文化与社会发展学院讲师，主要研究方向为环境社会学。

会现象分析追求呈现"全貌"的思路，对相关领域的人才培养和学者成长具有重要的启发意义。

一　个人学术背景

问：方教授，您好。非常荣幸有机会对您进行气候治理专题访谈。首先，能介绍一下您的学术经历吗？

答：我本科就读于浙江大学环境与资源学院环境科学专业，2005年入学，2009年毕业。当时做毕业设计的时候，全班30多名同学，除了我都选择了环境化学或环境物理方向。做实验不是我的强项，同时我也想做点不一样的东西，所以就选择了环境规划与管理这一当时颇为小众的研究方向。通过参与导师承接的一个桐庐县生态村规划编制的项目，我以《地方可持续发展建设规划方法研究》为题撰写了本科毕业论文，在答辩后还意外获评为优秀论文。

在环境规划与管理领域，应用型的横向课题做完往往意味着研究的结束，何况这个面向村级的小课题。但我总觉得拿着一手数据不发表有些可惜，就基于数据尝试撰写了两篇论文。因为研究对象仅限于一个村庄，在投稿的过程中遭遇了不少坎坷，被审稿人质疑研究缺乏代表性和普遍性。好在经过多次拒稿之后，两篇小文均在CSSCI期刊上发表。这给了我很大的激励，让我感觉做学术其实没有那么难，也启示我要善于将案例调研与学术研究结合起来。当有了一些数据和思路之后，可以把它变成学术论文，让更多的人了解我们的工作。

2009年9月，我开始在吉林大学环境与资源学院攻读环境规划与管理方向的硕士学位，师从董德明教授和沈万斌教授。吉大是全国最早开设这一方向的高校，环境学院的硕士学制为三年，但是学校规定，若在硕士在读阶段达到博士毕业的水平，则可以申请硕士提前毕业。抱着试试看的心态，我一入学即投入到紧张的课程学习和学术研究中。当时环境学院所在大楼晚上 11 点关门，我因为经常踩点离开而被管门大爷重点"关照"。入学后的那个冬天格外寒冷，十月中下旬就开始飘雪，一直到第二年四月，积雪一层盖一层又厚又滑，连长春本地人都惊呼"活久见"。印象很深有天晚上气温降至零下 33 摄氏度，我离开实验室回寝室，一路上尽管戴着厚厚的手套，双手仍旧失去了知觉。

辛勤的付出总会有回报，最后我以两年发表 8 篇一级、CSSCI 等期刊论文的成果获准提前一年毕业，有幸成为环境学院有史以来第一个提前毕业的学生，这又给了我一些自信。其实直到本科毕业我也不确定自己适合做什么，通过研究生阶段的学习，我感到自己对环境管理和生态经济有比较浓厚的兴趣，也具备了一定的科研能力。在研一结束的暑假，我通过了雅思考试，准备出国攻读博士学位。

2010 年下半年，我先后申请并获得了马里兰大学和伦敦大学学院等高校的全额奖学金，联系的几乎都是气候变化领域的国际大咖，最后因为家庭原因选择了荷兰莱顿大学的环境学专业，师从 Geert R. de Snoo 教授和 Reinout Heijungs 助理教授。我于 2011 年 10 月入学，博士研究生 4 年期间，我感受到了荷兰学者严谨的治学态度，以及超高的工作效率。其实荷兰学者平日在办公室工作的时间不长，每天 6 ~ 8 小时，晚上 6 点前所有人必须离开学院大楼，周末也不能加班，算上暑假，一年中有近一半时间在休假，但人均科研人员发表 SCI 或 SSCI 论文数量高居全球第二（仅次于瑞士），这让我明白其实工作效率比工作时间更为重要。

与导师商讨之后，博士论文我选择了一个纯理论命题——足迹家族。这是生态经济学的前沿领域，导师希望我从理论的高度提出一套统筹各类环境足迹的"足迹家族"概念、分类、核算与整合框架，这是前人未曾做过的，与本科、硕士阶段基于实证数据的定量研究有本质区别，极具挑战性。理论研究需要涉猎大量文献，然后再去建构包容性的研究框架。因为这是一个交叉领域，学者之间存在明显的学科背景差异，文献之间时常观点冲突甚至对立，导致我的博士论文研究一开始很不顺利。通过 2 年左右的探索，我才逐步有了一些心得，习惯于从学术文献入手去发现研究问题，越来越体会到理论研究的重要性，体会到理论与实证均不可偏废。

博士期间第一篇英文论文的发表颇具戏剧性。我当时去比利时参加了一个国际会议，在会上做了大会报告，会后主办方遴选了我们投稿的文章推荐给一本 SCI 和 SSCI 双收录期刊，最后通过同行评审成功发表。原来我以为自己只会写中文论文，没想到英文论文也没有想象中困难，何况还是理论文章，后面就开始大胆用英文写作了。

我以前总觉得学术研究与论文写作应该是分开的，就是要先做研究，再转换成文章。但后来我更愿意将两者结合起来，也就是说计划开展一项研究时，要先思考解决一个什么样的理论或现实问题，进而明确研究主题，搭建论文框架，瞄准目标刊物。简单地说，就是"以问题为驱动、以发表为导向"去开展学术研究。我觉得这不能简单理解为功利主义，重要的是学有所用、研有所获，将研究成果及时与国内外同行交流与分享。

博士学业期间我的自主科研能力有了进一步提升，尽管这并非都是主动而为的结果。在入学的第二年，两位导师相继离开我所在的环境科学学院，导致我与导师无法经常见面，往往个把月甚至一两个季度才能见坐在一起讨论半个到一个小时。在缺乏导师日常指导和督促的情况下，我通过广泛阅读文献、参加学术会议、与同行交流等方式推进课题研究，同时我坚持用中英文同时进行学术写作。到 2015 年 11 月博士毕业的时候，我以第一作者身份发表了 SCI 或 SSCI 期刊论文 9 篇（大多为理论研究），中文核心以上期刊论文 23 篇（大多为定量研究），自己的学术能力得到了比较全面的锻炼。

学术交流也是 4 年博士生涯的重要内容。令我印象很深的一件事，是 2015 年初接到了"水足迹"之父 Arjen Hoesktra 教授的邮件，他非常认可我在 *Ecological Economics* 上发表的文章，希望我去他主办的专刊上投稿，并且邀请我去屯特做了一场学术报告，效果很好，大家一见如故。

后来我的博士论文答辩，Hoesktra 教授作为评审委员会成员出席。回国后我们也一直保持联系，并且有合作论文发表。Hoesktra 教授在 2019 年底突然辞世，我们都很难过，学术界失去了一位既随和又执着的学者。

再比如，我曾参加在柏林举办的国际环境毒理与化学学会年会，这个学会看似跟我研究的关系不大，但实际上有很多相关领域的资深专家出席。我做完报告后，跟 Bo P. Weidema 教授相谈甚欢，我告诉他我很欣赏他在 2007 年首次提出碳足迹概念的那篇文章，Weidema 教授笑着说你搞错了，那篇文章的作者是 Tommy Wiedmann。我很尴尬，Weidema 教授安慰我说他们俩的姓氏非常接近，也都做碳足迹研究，搞混很正常。后来我真正结识"碳足迹之父"Wiedmann 教授，邀请他担任我博士论文的评审专家，我带的第一个博士生在他的课题组进行过联合培养，今年如无意外还将有一位博士生会过去联合培养，这些则是后话了。

现在回想起来，我在荷兰有很多宝贵的学术交流机会，了解到很多人在做一些很有趣的东西，视野变得越来越宽了，慢慢跳出了自己所在的小领域。在国外学习，还有一点收获：不要指望导师能为你做什么，关键是靠自己。这种"放养"型模式反而锻炼了我，每篇论文从选题、布局，到写作、修改，再到投稿、返修，基本上都是独立完成，这使我从学生快速成长为独立的科研工作者，为日后做 Principal Investigator 打下了基础。

2015 年 12 月回国后，一个比较大的感受是，像过去那样单纯从文献或调研中找寻研究问题的做法不太合适，国内比较倡导以国家政策需求为导向进行学术研究。以公共管理领域来说，要求我们既要关注理论前沿，也要关注现实情况，还要跟国家战略相结合。以前我在做生态经济学相关研究时就比较关注碳，当时就考虑能不能把碳与下一步工作结合起来，转向气候治理和能源政策领域，这就意味着很多东西要去探索、积累。那时候我刚刚加入浙江大学公共管理学院，一方面要适应工作环境，参加各种培训和备课授课，另一方面要确定新选题，制定研究计划和申报基金项目，加之没有研究生帮忙，确实比较艰难。2016年、2017年均只有一两篇文章发表，2018年开始成果就比较多了，当年有1篇影响因子在10左右的文章发表，我感到转型慢慢步入了正轨。

问：您在不同阶段开展的研究有关联性吗，不同阶段研究议题有不同的侧重点吗？

答：从本科到博士毕业，我的研究领域是环境管理和生态经济，具体来说最早做生态足迹、能源足迹研究，然后是三维足迹、自然资本研究，博士阶段做足迹家族、环境足迹研究，再后面是行星边界、环境可持续性研究。工作以后，我的研究重心逐渐转向气候治理和能源政策，这是因为我判断碳排放迟早会像污染物一样进行总量调控，碳排放权届时会变成一种稀缺的公共物品，有必要认真研究。所以2017年初，我以"中国省域碳排放权多标准分配方法研究"为题申报了国家自然科学基金青年项目并获得批准。果不其然，3年后随着"双碳"目标出台，碳排放和碳排放权都成为研究的热点。

总的来看，我在不同阶段的工作虽有不同的侧重点，但主题是一脉相承的，而且相对都比较前沿。比如我在2014年发表的"足迹家族"理论文章是这个领域最早的成果之一，被 *Science* 等引用300余次。关于我在2015年发表的"足迹－边界整合"[①] 理论文章，欧洲生态经济学会主席 Daniel W. O'Neill 教授后来在给我的邮件中称受其影响才在后续发表了一系列实证型的子刊论文。此外，"行星边界""三维足迹"等概念也均是由我们最早引入国内并加以拓展深化的。

很多时候大家习惯于聚焦那些原本就比较热的主题，其实每天有大量新的文献发表或事件发生，很多一开始容易被大家忽视。所以学术敏锐性也挺重要。如果能及时把握某些潜在的重要选题，很可能将引领未来的科研方向。所以我觉得做研究，一方面要有个人兴趣，另一方面

---

① 参见方恺、段峥《全球主要国家环境可持续性评估——基于碳、水、土地的足迹－边界整合分析》，《自然资源学报》2015年第4期。

也得感知外界的变化。如果真的"两耳不闻窗外事，一心只读圣贤书"，那么很难在现实情境中持续创新。总之，做研究既要多读文献，又要多观察、多思考，两方面都很重要。

二　碳足迹测算及其转化应用

问：作为表征人类活动作用于地球环境系统影响强度的指标，生态足迹与碳足迹有哪些联系和区别？

答：足迹这个概念最早来自生态足迹，主要思路是将人类活动对于环境的影响量化为生物生产性空间，其中碳排放占了大部分的比重，用中和人类活动所排二氧化碳的土地面积来表征。全球足迹网络（Global Footprint Network）算出来的结果表明，碳中和所需的土地要比地球的实际面积大。有些学者质疑怎么算出来人类需要地球的2倍面积，我们现在就一个地球不也好好生存着吗？这就涉及什么叫可持续发展，什么叫不可持续发展。我个人的理解，如果在地球自然资源和生态环境的承载范围内能够很好地发展，就是可持续发展；反之，如果要去"吃祖宗饭、砸子孙碗"，就是不可持续发展。我们做的很多事情，实际上已经把后代的利益提前透支了，用来满足我们当代人的发展诉求，这种就叫不可持续。

现在全球二氧化碳浓度已经突破400ppm，有研究表明全球15个气候临界点已被激活9个。联合国环境规划署数据显示，2018年中国碳排放量超过100亿吨，而我们地表生态系统的碳汇仅有10亿吨左右，约90%的碳排放无法被吸收中和，这显然是不可持续的行为。不可持续不等于说这个事情完全不能做，只能说继续做的风险会累积，潜在危害会越来越大，我们不能做温水里的青蛙，因为总有一天水会烧开的。

严格来说，生态足迹的构成里面，碳占大部分，但其与碳足迹是两个不同的指标。足迹家族里面还有其他各种类型的足迹，它们之间有重叠和交叉。我在梳理文献时发现每个学者都是从各自的学科背景和观点立场出发。比如碳足迹，有的人用公顷，有的人用吨，有的人用 $CO_2 -$ eq。我在做文献综述时发现，有时候同一个学术名词可能说的是两件事，还有的时候明明是一件事，但文献里用不同的术语加以指代。想在这里面抽丝剥茧去搞清楚是一件极其复杂的工作。又比如水足迹，不同学者对什么是水足迹、如何测度水足迹有截然不同的观点，*Nature*、*PNAS* 上很多文章互相攻击，就是因为大家的学科背景不一样，分析问题的视角和思路也大相径庭。我们这个领域，争鸣比较多，共识比较少。经济学领域的共识很多，已经形成一套较为完善的分析范式，比较规范化。当然，从学科发展的角度来看，规范有规范的好，争鸣有争鸣的好，很难一概而论。

问：目前碳足迹的实际应用情况怎么样？

答：目前有很多在线的碳足迹计算器，我们把从早到晚的生活参数输入进去，就能计算出一天的二氧化碳排放量。我最近考察参观了一些制造业企业，他们普遍对碳足迹、碳标签很有兴趣，这既是国内"双碳"政策倒逼的结果，同时也与国际政治经济新趋势，比如欧盟的碳边境调节机制不无关系。发展到一定阶段之后，一个负责任的国家、一家负责任的企业都会更加关注自身的环境责任。企业现在非常推崇环境、社会和公司治理（Environment, Social and Governance, ESG），企业希望借助 ESG 的编制赋能低碳转型，提升社会形象。

问：碳标签是产品或服务的碳足迹量化的标识，我之前在绍兴了解到纺织行业企业对碳标签有诉求，似乎是影响了他们在国际贸易中产品的竞争力。您的研究在碳标签方面有涉及吗？

答：有涉及。早在 2019 年，我们给省里写过一份内参，讲我们的企业要未雨绸缪，做好应对欧盟碳边境调节机制等碳壁垒的冲击。这份内参得到几位省领导的批示，生态环境厅委托我们做过这方面的调研课题。我们在调研的基础上结合学术探讨完成了一本书，总结碳标签制度的经验与展望，今年即将正式出版。

碳标签最早由英国一家公司 Carbon Trust 于 2007 年推出。现在美国、德国、法国、日本、韩国等发达国家都有这方面的实践，像 Costco、沃尔玛等大型商超，在供应链层面已经开始推行碳标签制度了。中国相关行业组织在 2019 年开始推动碳标签，疫情之前我们去调研了最早被纳入碳标签认证的浙江企业，发现主要是一种象征性的举措，相关产品没有真正投入国内市场。后来受疫情的影响，这项工作进展缓慢。总之，企业是有意愿开展碳标签实践的，其动力包括外部的法律和行业约束、国际贸易规则，以及企业对自身形象和竞争力的内在诉求等。如果未来碳标签形成国家认证，就会成为一种标识，在一定程度上保证产品的质量，体现企业的担当。以上是国际国内的大致情况。

碳标签的推行不仅涉及政府和企业，还要看消费者的接受度。我们做过一项关于消费者对碳标签产品支付意愿的研究，以大学生作为调查对象设计了问卷。近 2000 份有效问卷分析结果显示，大学生是低碳环保意识比较强的群体，支付意愿的溢价率达到 15% 左右。当然这是关于日用品的调查，对于总价高的商品，消费者的支付意愿可能存在递减效应。

关于上面说到的碳标签调研报告，我们写了 10 万多字递交给省厅，相关负责人表示从来没见过如此用心的报告，但是他们暂时难以推动落地。为什么呢？因为还需要发改、经信、工业、市场等部门积极介入。这使我意识到政府、企业和消费者等各方面都有低碳发展的意愿，导致碳标签制度一直无法真正落地的主要原因是缺乏一套整合各部门相关职能的协调议事机制，以及各主体良性互动的协作机制，归根结底是气候治理体系的问题。

三　中国的碳排放权分配与区域协同减排

问：我国各地区经济社会发展不平衡的问题突出，不同地区碳减排的能力差异显著，碳减排目标不宜搞"一刀切"。您对碳排放权分配开展了哪些研究？您认为对于我国各地区碳排放权的分配应当如何平衡其中的公平与效率问题？

答：关于碳排放权分配，我们开始做的是区域之间的研究，后来觉得仅到区域还不够，还要到行业、部门等尺度上。碳排放权的分配，本质上是如何配置资源环境权属的问题。这种权属的分配不仅局限于碳，还包括其他资源环境要素。这种分配不是简单的计划经济思维下的硬性分配，而应是初始分配与二次分配（交易）相结合，初始分配主要考虑公平性，二次分配更多考虑效率性，尽可能避免单一原则可能导致的政府失灵或市场失灵问题。

对于公平和效率的理解，我们潜意识中习惯将两者对立起来。事实上，公平与效率的界限并非泾渭分明，甚至可以彼此转化。举个例子，碳市场遵循的"祖父法则"，通常指一家企业的初始配额由所在行业的基准排放强度和企业的产值综合确定。换句话说，企业过去排放的二氧化碳越多，大概率现在给它的配额会越大。这乍看起来很有违公平，实则是国内外碳市场遵循的主流原则，因为推进起来变动不会太大，容易为各方所接受，在某种程度上来说实现了公平与效率的统一。

也有学者提出另一种观点，认为历史上二氧化碳排得多的区域，排放权要分得少，才能保证每个人都有大致相等的排放空间，也就是"历史责任原则"。具体到中国而言，东部地区历史上的碳排放远远高于西部地区，按照这个原则应赋予西部更大的碳排放权。但是进一步深究，虽然碳排放总量是东部地区更高，但是人均碳排放量则是西部地区更高，那我们该参照总量还是人均标准呢？西部地区人均碳排放量高，很大一部分是为了满足东部地区人们的生活所需，那我们该从生产还是消费视角衡量呢？我觉得任何一项研究，不可能穷尽所有维度，不可能真正提出一个所谓最公平、最高效的方案。只能在特定的假设前提下，提出一个能被多数利益相关方接受的相对合理的方案，实际决策过程中往往是博弈和妥协的结果。

问：国内碳排放权分配这一块的实际进展是怎样的？

答：20世纪八九十年代，酸雨非常严重，后来又出现大范围雾霾，这些污染由二氧化硫和氮氧化物等超标排放导致，因此国家及时制定了二氧化硫和氮氧化物的总量控制和区域分配方案。环境污染物控制主要包括两个方面：一是强度控制，二是总量控制。河流沿线每一家企业均达标排放，这条河流依然可能变成臭水沟，说明光有强度控制是不行的，还要看总量。同样地，"十四五"期间，原来大概率会推进二氧化碳总量控制，这是实现"双碳"目标的必经之路，但因为过去几年疫情和经济下行等因素的影响，只能暂时搁置。我们给中办和全国政协等部门的内参里面提到了这个问题，建议策略性地调整"双碳"目标的路线图。

说到这儿，提一下我们在2019年发表的一篇文章。当时的研究背景是各省区都不清楚该以何种路径实现碳达峰。我们构建了基于长时序数据的区域碳达峰路径分析框架，第一次对中国所有省区碳达峰的潜在路径进行了模拟预测，发现每个省区最优的达峰路径均不同，有些省份无论如何都无法在2030年之前实现达峰，要允许这种情况发生，也要允许有条件的省份率先达峰。但相比于达峰时间，决策者更应关注达峰乃至中和过程中的累积排放量，因为气候政策的初衷是降低大气中的二氧化碳浓度，从而控制温升，如果与此相违背，就要考虑政策是否适合。我们的研究显示，片面追求提前达峰可能导致某些省区的峰值迟迟下不去，累积排放量大增，意味着往大气中排放的二氧化碳更多，反而不利于控制升温，我们将这种现象形容为"欲速则不达"。总之，达峰时间只是一个考虑维度，还要综合考虑峰值水平、累积排放量等一系列维度。我们这项成果获得了浙江省哲学社会科学优秀成果二等奖，同时也是我主持的国家自然科学基金青年项目的核心成果之一，这个项目的绩效评估为"特优"。

问：我们注意到您最近的一项研究关注碳交易机制是否可以减缓我国城乡收入不平等，可以介绍一下您在这方面的研究发现吗？

答：对城乡公平的理解同样有不同维度。我们研究发现，某些时空范围下，城乡之间碳排放的基尼系数要高于收入的基尼系数，这从侧面反映了推进共同富裕不仅要缩小财富上的差距，也要缩小资源环境支配权上的差异，所以推动协同减排非常重要。协同减排不仅指区域之间，还包括城乡之间、群体之间。碳市场的减排效应是毋庸置疑的，但学界对碳市场的其他经济社会效应则关注得不太多。我们最近发表了两篇中英文文章，分别从省区和区县层面对碳市场和核证自愿减排（CCER）项目进行了细致分析，发现无论碳市场还是 CCER 的试点地区，其农民人均收入水平都要高于非试点地区，从而缩小了城乡收入差距。当然这里面的作用机制是比较复杂的，我们尝试从就业、可再生能源等方面做了一些解释。目前对于机制的探讨还在继续，但至少表明存在这样一种现象，打破了我们固有的观念，碳减排与经济社会之间并非一定是针尖对麦芒，两者在某些情况下具有协同增效的潜力。

问：这是一个非常重要的发现，是跟以往认知完全不一样的新突破。但会不会仍然有人会质疑这可能只是一个比较微弱的相关，其中的机制很复杂并且不明朗。

答：这就要说到我的一个观点，不一定正确。我们有时候做研究会过分强调因果关系。基于对宏观世界经验的判断和安全感的诉求，驱使人们习惯于运用因果律去解释世界，什么事情都要问一问为什么。但是在现实生活中，事物的发展往往是极其复杂的，是各种因素交织叠加的结果，而且里面不排除有偶然性和不确定性，不一定要过于纠结两者之间是不是严格遵循因果关系。大数据技术的发展，数字化研究范式的兴起，更多地旨在揭示数据之间的相关关系，在一定程度上可以理解为对以往传统计量经济学识别因果机制的颠覆。回到我们的文章，既然发现碳减排政策与农民增收之间存在显著的正向关联，或许可以基于此扩大相关政策的试点，再结合更多的数据进一步加以验证，从而推动低碳共富协同转型。

问：您在 2022 年新立项了国家社科基金重大项目"'双碳'目标下区域协同减排机制与调控策略研究"。区域协同中的区域指的是城乡、省际还是其他？这一研究所面向的中国现实问题是什么？中国区域协同减排机制的构建，涉及哪些方面？

答：这是一个给定的选题，我们课题组内部一开始也对区域的含义进行了探讨。从地理学的角度看，区域可大可小，其本身并非一个特定指向。在我们的研究设计中，重点考察这几个层面：城市群、省区和全国。这一研究面向的中国现实问题是：当前各地区在减排工作中常常呈现"各自为政"的特点，缺乏系统性思维和"全国一盘棋"的大局意识，难以与国家"双碳"目标有序衔接。从具体问题看，我国区域协同减排面临能源供需错配、技术研发滞后、产业结构偏重、相关市场分割、政策引导不够等挑战。因此，我们计划基于全国－省区－城市群三个空间层级，从能源转型、技术创新、产业升级、市场关联、政策调控等维度入手，构建我国的区域协同减排机制，并提出减排的区域联动调控策略。

问："双碳"目标的实现面临方方面面的挑战。目前有一些专家从不同角度讨论了"双碳"目标面临的挑战，那么基于您以及您团队的调查研究，从您的切身感受来说这种挑战最主要指的是什么？

答：我觉得还是治理体系和治理能力的问题。单一主体都有意愿，但是在现实情境下，政府与市场、政府与公众、市场与公众等主体之间缺乏有效协同。生态文明、绿色发展已上升为国家战略，但是我们尚未建立起与之适应的治理体系，制约了"双碳"目标等新发展理念向行动转化。即便在政府内部，部门间各管一摊、相互掣肘的问题也时有发生。例如，国家发改委管能源市场，生态环境部管碳市场，自然资源部管碳汇，对于如何协同推进绿证、绿电与碳排放权的交易，如何约束碳市场以外的行业、企业，是否应将碳汇纳入碳市场等重要问题，迄今未有明确的解决方案。

四　全球气候治理

问：您觉得全球变暖这个问题，到底是一个真实存在的还是一个建构的问题？

答：短期来看，过去几十年气温升高过快，超过了以往历史记录的速度。从更长的周期来看，地球的温度一直在波动，历史上比现在更暖的时期比比皆是。比如，河南简称豫，表明古时候当地曾有大象，气候温润。我认为，这件事可以一分为二来看：一方面，全球变暖是现实存在的；另一方面，根本原因确实比较难确定，至少从相关性的角度来看，工业革命以来二氧化碳排放与温度几乎呈现同步上升，所以可以认为它们之间存在因果关联，联合国政府间气候变化专门委员会报告认为这种可能性高达95%。即便如此，也还有5%的不确定性，所以现在没办法笃定地讲一定是人类活动所致，还是地球自然节律的结果。

不论何种原因，升温过快可能引发灾难性的生态风险，这是人类在短期内很难适应的。比如，历史数据表明，当全球变暖超过一定限度时，将导致大量冰川消融、海平面上升，海水的盐度会下降，导致温盐循环停止，这样原先流向高纬度地区的暖流可能消失，地球就像高烧退去后出了一身冷汗，全球也许会在10~20年突变到冰期，气温将下降4~12℃。历史上有过多次这样的情形，这种气候突变对人类的打击将是毁灭性的。所以我很赞同丁仲礼院士所言，研究气候变化本质上讲不是保护地球，而是保护人类自己。地球温度有高有低，它都在那儿，但我们人类作为一个物种可能会荡然无存。从这个角度讲，我们确实要警惕全球变暖。

问：在当前全球产业分工格局下，发展中国家的碳排放有相当一部分是为发达国家提供产品所致。相比基于生产视角的减排责任分摊，以消费者负责为原则构建减排责任分摊方法是否更为公平？

答：诚如前面所说，公平与效率不能简单二分，生产和消费也不应该对立起来。没有消费就没有生产，反过来如果没有生产也没有消费。当前碳排放核算体系普遍基于生产视角，对中国这样的"世界工厂"肯定是弊大于利。所以我们前期围绕消费视角做了不少探索，认为基于消费视角的碳足迹是对现有碳排放核算体系的有益补充。注意是补充，而非替代，因为如果我们过分强调消费者买单，生产者就会失去低碳清洁生产的动力，《巴黎协定》就更难实现了。可见，任何公共政策的出台都要考虑很多维度、很多面向。所以我们建议：要把生产和消费结合起来。这个结合的度该怎么把握呢？是各50%，25%对75%，还是75%对25%呢？这恐怕得根据研究的需要来确定。任何一项研究都不可避免地会掺杂主观判断，也就是说研究者的价值取向在很大程度上决定了研究的结论。当然，主观未必不好，客观也未必真的公正，要看我们如何去看待这个问题。

再举一个例子。我们都知道咖啡的消费主力是西方国家，但是生产国付出了水土流失、生境破坏等代价。Nature上曾有一篇文章运用"驱动力－压力－状态－影响－响应"（DPSIR）模型进行了分析。D（Driver）是西方国家对咖啡的需求；P（Pressure）代表要喝咖啡的需求导致非洲国家改种咖啡树；S（State）代表生境的改变，包括热带雨林消失、动物失去栖息场所等；I（Impact）指由此导致的生物多样性丧失，也可能因为动物跑出来，将病毒传播给了人类；R（Response）是指人类所采取的应对策略。

但是我们能把责任简单地归咎于咖啡的消费者或生产者吗？其实不能。一方面，当今世界经济高度分工，任何产品的生产可能涉及无数个上下游产业，我们既是产品的消费者，又是其他产品的生产者；另一方面，产业链上任何一个环节微小的波动，都可能导致全球一系列链式的非线性反应，甚至引发"蝴蝶效应"。在全球化时代，我们是地球村的村民，每个人都无法置身事外，同时也责无旁贷。因此，不能将责任归咎于某一方。消费者有诉求，生产者也有诉求，如果不考虑现实需求，只让非洲国家保护雨林，不把咖啡卖给西方国家，他们的人民靠什么养活自己呢？现实是，对不少不发达地区而言，温饱比环保重要得多。联合国提出的17项可持续发展目标，对于不同国家、不同发展阶段、不同群体来说，目标的重要性和优先级是不一样的。

我在做研究的过程中形成了这样一个认识：只从单一视角出发看待问题的时候，很可能得到片面甚至荒谬的结果。英文里面有个词叫作

"full picture",我们的研究应致力于全景式呈现,提供各种选项的利弊对比,而不是代替决策者做决定。当然,真正做某项研究的时候,又要着眼于细微之处。所谓科学研究,就是一种片面的深刻,可能是拿着放大镜去进行分析。但是从决策者的角度来看,这些研究的结论未必可行。如果都按照学者们的提议行事,可能出现许多极端的政策。

问:您对碳泄漏问题持怎样的看法?

答:碳的问题与污染问题不太一样。因为就碳本身来说,区域特征不明显,无论哪个地方排碳,最终都会对全球的温室效应做出贡献。所以说,碳排放是一个具有负外部性的公共问题,这种公共性导致所有国家都不能置身事外。可见,在气候变化领域,各国的利益诉求比较一致,共同利益大于分歧。而在局部环境污染等方面,欧美发达国家往往难以感同身受。

在实然层面,碳泄漏肯定是广泛存在的。在应然层面,碳泄漏现象的存在是否合理,则是一个比较复杂的问题。在《巴黎协定》之前,全球气候治理的思路就是"自上而下"分摊减排责任。在主权国家内部进行责任分摊或许是比较可行的,但在国家之间却未必得通。历史证明了这一点,《京都议定书》的做法就是"切蛋糕",发达国家不愿意做,发展中国家也缺乏动力,结果任何一个国家都觉得自己吃亏。《巴黎协定》改"自上而下"为"自下而上",让每个国家提出自主减排目标,好处是充分地发挥了各国的主观能动性,不至于像《京都议定书》一样落空。不好的地方在于,各国的减排目标加在一起,无法满足1.5℃和2℃的温控目标。总之,正如国家之间不能强行分摊减排责任一样,各国的经济水平、产业结构、资源禀赋、贸易分工和区位特征千差万别,碳泄漏这种"生态不平等"现象将长期存在,妄图运用行政手段加以根除是不切实际的。

问:关于全球气候议题,国外现在比较热门的议题有哪些?

答:气候变化科学研究经历了几个阶段。最早从20世纪六七十年代美苏冷战开始,那个时候全球气温也在走低,所以美国《时代》周刊曾用"如何在即将到来的冰河时代存活下去"为题渲染气候变冷对人们生存的影响。20世纪80年代以来，随着各国科学家共同观测到地表气温一路飙升，全球变暖作为一个新议题得到了前所未有的关注，以诺贝尔奖获得者Nordhaus为代表从事温升模拟与评估的队伍不断壮大。与此同时，以控制人为碳排放为目的，识别高碳区域、领域、行业、企业和人类活动，探索技术、经济、管理和政策手段的研究井喷式涌现。如今，无论哪个层面上都有大量学者在做各种各样的研究，包括解释型、回顾型、预测型等。

问：结合先前阅读您的研究成果以及今天的访谈，我们感觉您的研究视野是非常开阔的，研究方法也很多样。所以，最后能否请您谈一谈您的多学科背景是如何形成的？能否请您为环境社科领域的人才培养、学者及学生个人成长提一些建议？

答：可能与个人经历有关。我的父母从事传统人文领域研究，我自己是理工科的学科背景，现在又在社科院系工作，在研究方法上一直比较综合。学术创新可以分为两类，一类是将某种方法运用于新的领域，比如大数据分析服务于医改、社保、环保等议题；还有一类是在相对聚焦的领域对不同方法进行集成创新。我的研究显然属于后者，即综合运用管理学、经济学、公共政策、环境科学、生态学、地球科学、信息科学等学科方法，致力于解决生态环境领域的问题。

每个人的学科背景、科研经历和思维方式不一样，很难提具体的建议。最后我还想说的是，单学科研究和跨学科研究各有优势和存在的必要。没有单学科的长足发展，就不会有今天的跨学科研究；但如果现在仍然过于强调学科的属性和边界，可能会阻碍科学的发展。毕竟学科是人为划分的产物，而我们生活的真实世界则是包罗万象、异常复杂的。

《环境社会学》 征稿启事

《环境社会学》是由河海大学环境与社会研究中心、河海大学社会科学研究院与中国社会学会环境社会学专业委员会主办的学术集刊。本集刊致力于为环境社会学界搭建探索真知、交流共进的学术平台，推进中国环境社会学话语体系、理论体系建设。本集刊注重刊发立足中国经验、具有理论自觉的环境社会学研究成果，同时欢迎社会科学领域一切面向环境与社会议题，富有学术创新、方法应用适当的学术文章。

本集刊每年出版两期，春季和秋季各出一期。每期 25 万~30 万字，设有"理论研究""水与社会""环境治理""生态文明建设""学术访谈"等栏目。本集刊坚持赐稿的唯一性，不刊登国内外已公开发表的文章。

请在投稿前仔细阅读文章格式要求。

1. 投稿请提供 Word 格式的电子文本。每篇学术论文篇幅一般为 1 万~1.5 万字，最长不超过 2 万字。

2. 稿件应当包括以下信息：文章标题、作者姓名、作者单位、作者职称、摘要（300 字左右）、3~5 个关键词、正文、参考文献、英文标题、英文摘要、英文关键词等。获得基金资助的文章，请在标题上加脚注依次注明基金项目来源、名称及项目编号。

3. 文稿凡引用他人资料或观点，务必明确出处。文献引证方式采用注释体例，注释放置于当页下（脚注）。注释序号用①、②……标识，每页单独排序。正文中的注释序号统一置于包含引文的句子、词组或段落标点符号之后。注释的标注格式，示例如下：

（1）著作

费孝通：《乡土中国 生育制度》，北京：北京大学出版社，1998年，第27页。

饭岛伸子：《环境社会学》，包智明译，北京：社会科学文献出版社，1999年，第4页。

（2）析出文献

王小章：《现代性与环境衰退》，载洪大用编《中国环境社会学：一门建构中的学科》，北京：社会科学文献出版社，2007年，第70~93页。

（3）著作、文集的序言、引论、前言、后记

伊懋可：《大象的退却：一部中国环境史》，梅雪芹等译，南京：江苏人民出版社，2014年，"序言"，第1页。

（4）期刊

尹绍亭：《云南的刀耕火种——民族地理学的考察》，《思想战线》1990年第2期。

（5）报纸文章

黄磊、吴传清：《深化长江经济带生态环境治理》，《中国社会科学报》2021年3月3日，第3版。

（6）学位论文、会议论文等

孙静：《群体性事件的情感社会学分析——以什邡钼铜项目事件为例》，博士学位论文，华东理工大学社会学系，2013年，第67页。

张继泽：《在发展中低碳》，《转型期的中国未来——中国未来研究会2011年学术年会论文集》，北京，2011年6月，第13~19页。

（7）外文著作

Allan Schnaiberg, *The Environment*: *From Surplus to Scarcity*, New

York: Oxford University Press, 1980, pp. 19 – 28.

(8) 外文期刊

Maria C. Lemos and Arun Agrawal, "Environmental Governance," *Annual Review of Environment and Resources*, Vol. 31, No. 1, 2006, pp. 297 – 325.

4. 图表格式应尽可能采用三线表，必要时可加辅助线。

5. 来稿正文层次最多为 3 级，标题序号依次采用一、（一）、1。

6. 本集刊实行匿名审稿制度，来稿均由编辑部安排专家审阅。对未录用的稿件，本集刊将于 2 个月内告知作者。

7. 本集刊不收取任何费用。本集刊加入数字化期刊网络系统，已许可中国知网等数据库以数字化方式收录和传播本集刊全文。如有不加入数字化期刊网络系统者，请作者来稿时说明，未注明者视为默许。

8. 投稿办法：请将稿件发送至编辑部投稿邮箱 hjshxjk@163.com。

《环境社会学》 编辑部

ENVIRONMENTAL SOCIOLOGY RESEARCH   No.2 （2023）

Table of Content & Abstract

Theoretical Research

Carbon-based Society： Discussion on the Construction of Climate Sociology—Based on Dunlap's Climate Sociology

Wang Shuming, Wang Ganyu ∕ 1

Abstract： The social effects induced by carbon emissions in the era of industrialization and the social support conditions required for carbon governance are the core issues of climate sociology. The greenhouse effect created by greenhouse gas emissions such as carbon dioxide leads to the modern climate problems of industrial civilization, which results in a series of structural changes in social relations. The proposal of the dual-carbon goals initiates the governance action and the structural adjustment and mutual construction of social relations. As far as the core issue is concerned, climate sociology can also be called "carbon-based sociology", which is the sociological study of social networks with the carbon cycle as the core. From the perspective of sociology, the social network formed to achieve the goal of "carbon peaking and carbon neutrality" can be referred to as a "zero-carbon society". The realization of a zero-carbon society at the global level is not a linear process; rather it is a complicated and tortuous international social game process, which is full of uncertainty. The evolution of international social relations is the basic variable of carbon-based and climate social change. The retrogression of the United States and the European Union, as well as the uncertain international relations, have led to the retrogression of carbon governance. It is an important mission for the construction of China's independent knowledge system of sociology to refine sociological concepts, theories and discourse systems with research programs or paradigm significance around the carbon-based social ecology.

Keywords: Climate Change; Carbon-based Society; High-carbon Society; Zero-carbon Society

Social Impact and Adaptation of Climate Change

The Consequences and Prospects of Persistent Imbalances between Adaptation and Mitigation in Global Climate Governance

Hu Yukun, Ma Yurong / 21

Abstract: Mitigation and adaptation are the two cornerstones of global climate governance. Since the launch of the world climate war in the early 1990s, mitigation has tended to dominate the climate policy and practice, whereas adaptation often been viewed as a secondary goal, with lower visibility and smalleraction space. The persistent imbalance between mitigation and adaptation in global climate governance has already caused a variety of negative impacts. In fact, mitigation and adaptation are the two sides of the same coin. Accelerating the pace of adaptation efforts can generate multiple "dividends". In the face of continuous escalation of the climate crisis, the prospects of global climate adaptation and its governance is worrying. Only by taking strong actions with the same sense of urgency on both fronts and making efforts to integrate mitigation and adaptation, can it be possible to achieve climate resilient development for all, thereby building a green, resilient and inclusive world.

Keywords: Global Climate Governance; Mitigation; Adaptation; Two-pronged Approach

Study on the Expansion of Angzicuo Lake in Northern Tibet and its Livelihood Impact in the Context of Climate Change

Zhang Xiaoke, Liu Yuanguo, Du Xindong / 48

Abstract: Under the influence of global climate change, the continuous rising in temperature accelerates the melting of plateau glaciers, and the increasing in precipitation and the accelerated melting of glaciers caused by global warming were the two main reasons for the lake expansion of typical lake groups in northern Tibet. Typical lakes with lake expansion were in uninhabited areas or had carried out ecological relocation in extremely high altitude areas. Therefore, Angzicuo lake was selected as the research object in this paper. The Angzicuo lake expansion had flooded a large number of grasslands in the surrounding areas, affected the livestock carrying capacity of grassland, and reduced the economic income of herders, which in turn affected the livelihood strategies of local herders. In the context of climate change, grassland inundation caused by lake expansion had a certain impact on local economy, so it is necessary to explore new ways of animal husbandry management.

Keywords: Lake Expansion; Livelihood; Climate Change; Angzicuo

Socio-economic Impacts and Adaptation Strategies on Riverine Island Dwellers in the Face of Climate Change—Insight from Gaibandha District, Bangladesh

[Bangladesh] Babul Hossain (write), Cheng Pengli (translate) / 71

Abstract: Bangladesh is considered one of the countries most at risk of natural disasters due to climate change. In particular, the inhabitants of its riverine islands (char) face ongoing climatic events that make them more vulnerable. This study aims to assess the socio-economic impacts of climate change on riverine island dwellers, their adaptation strategies, as well as the challenges they face in acclimatizing. To achieve this, we used a mixed-method approach that incorporated qualitative and quantitative procedures on data collected from 298 households on riverine islands in Gaibandha district, Bangladesh. The results reveal that the riverine island dwellers perceive the increasing frequency of flooding, severity of riverbank erosion and drought, and rising disease outbreaks as the most significant indicators of climate change, which is consistent with the observed data. The study also reveals that all households face enormous complications in the face of climate-induced extreme flood disasters, such as the one that occurred in 2017. The pivotal impacts of this disaster included brittle social bonds, disrupted education, human trafficking, housing damage and destruction, livestock and crop loss, massive unemployment, and various setbacks in their standard of living. In response to such disasters, the riverine dwellers employed several adaptation strategies, including three particular initiatives: before, during, and after the incidence, to enhance their way of life to the flood disaster brought on by changing climate. However, inadequate education facilities, a deficiency of useful information on climate change, disrupted communication, and a shortage of investmentare still significant hindrances to the sustainability of adaptation. The findings emphasize the value of assessing local climate change vulnerability and highlight the necessity for regionally specific local activities and policies to lessen vulnerability and improve adaptation in char households' communities.

Keywords: Climate Change; Flood Disaster; Lives and Livelihood; Resilience; Riverine Island

Social Perception of Climate Change

Climate Change and the Perception of African Pastoralists

Regina Hoi Yee Fu / 107

Abstract: This paper illustratesthe situation of climate changein Nigeria, West Africa, and the perception of African pastoralistson its impacts on their livelihoods. African pastoralists face various climate change challenges that suppress their livestock production and constrain their ability to adapt to fluctuations in the external environment. Changes in climate extremes have been observed across the whole Nigeria over the last few decades. Although there are different possible scenarios, the region where this research is conducted expose to a high climate change vulnerability. In this paper, climate change indicators between 1956 to 2016 of central Nigeria where a large population of pastoralists are settling in is analyzed to demonstrate the meteorological evidence of climate change. Meteorological data demonstrate the great variations in duration and availability of rainfall over the last few decades. Increasing temperatures with higher irregularity are also observed. The perspectives of pastoralists on climate change are collected through a questionnaire survey conducted on 68 pastoral groups. Pastoralists have a high awareness of the occurrence of climate change, and their experiences match with the meteorological records. Variation in rainfall and heat have severe impacts on their livelihoods and increase their vulnerability as their adaptive capacity are restrained. Climate change has caused deterioration of their livelihoods in many aspects, in respond pastoralists have adopted various adaptation practices. Pastoralists allocate the limited resources that they can afford on vaccination and medication as climate change has diminished livestock health and caused disease outbreak. They cope with climate change mainly by maintaining a cooperative relationship with the farming community, however many pastoralistshave difficulty avoiding farm encroachment due to farm expansion. Pastoralists express in their narratives their pessimistic views on climate change vulnerability and the future of pastoralism. They urge for intervention that can help them to cope with climate change impacts and to assist them diversifying livelihoods in the future.

Keywords: Climate Change; Nomads in Afric; Vulnerability

The Mediated Ritual Construction of "Community of Fate" and "Natural Awe" —The Text of Chongqing Residents' High-temperature Discussion on Weibo as an Example

Meng Lun, Wang Zhe, Ren Lixue / 130

Abstract: From the theoretical perspective of media rituals, this research explores how people's microblogging discussions ritualistically present and construct people's extreme high-temperature experiences, specifically, what symbolic information is invoked and organized in the process of ritual construction, through what ways media rituals construct the group concept of community of destiny and the ecological concept of natural reverence, and how media rituals evoke and transmit the discourse system in the real world The study also examines how media rituals evoke, transmit, dissolve, and reconstruct the discourse system in the real world. The research is based on the analysis of microblogging texts posted by Chongqing microbloggers. This research concludes that: 1. In terms of the selection and organization of symbols, pictures have become a symbolic resource to awaken Chongqing residents to form an imaginary community. Emoticons are often used to describe the experience of physical pain, the puzzling of the causes of disasters, and the call for divine cooling, which form the preliminary basis for the formation of a sense of natural awe. Based on the careful selection of symbols, people have made multiple combinations of symbol systems, among which the vertical combination of symbols tends to be a retrospective linear review that leads to the worship and reverence of nature: on the one hand, people lament the unusual heat events and vent their negative emotions in the context of their own life history, and on the other hand, by retracing the natural changes in the long history, they put their own encounters On the other hand, by retracing the natural changes in the long history, people reevaluate their own experiences in a wide space and time, and by reinforcing the knowledge that natural changes are irresistible and uncertain, they arouse the feeling that climate changes are the laws of nature, thus awakening the sense of natural reverence, and at the same time, achieving the positive resolution of negative emotions. On the other hand, the horizontal combination of symbols evokes people's sense of community from shallow to deep, and in a graded manner: on the one hand, the temperature becomes a medium for people and cities to link horizontally, and people vent and release their emotions in the discussion of common issues, which constitutes a short-lived emotional resonance. "By building a barrier to exclude outsiders, it is easier for similar groups to form a sense of community of "common enemy" and then form a deeper resonance. The cultural framework for evoking, constructing, positioning, and transmitting ideas shifts through channels over time. Media rituals evoke and transmit the traditional cultural concept of nature reverence through virtual prayer practices. In the context of the fusion of scientific and folk cognition and the dual participation of physical and psychological experience, the sense of "natural reverence" is ritualistically constructed and maintained. At the same time, the youth group of Generation Z has transformed the worship behavior into an entertainment and carnival connotation by means of "playing", topic relay and flirtation, and realized the community imagination within the generation at the cost of dismantling the seriousness of the worship behavior.

Keywords: High Temperature Experience; Community with a Shared Future; Sense of Natural Awe; Media Rituals

Industrial Development and Carbon Governance

The Influence of Fuel Consumption on the Rise and Fall with the Iron and Steel Industry in North China

Zhao Jiuzhou / 154

Abstract: Before the Song Dynasty, iron and steel industry in North China area has been developed, and it was in the national leading level. After the Song Dynasty, iron and steel industry declined so sharply that it was no longer occupied an important position in the industrial structure. There were many different opinions on the reason that the Iron and steel industry in North China decline. This paper considers that the Iron and steel industry is a typical high energy consumption industry. After the Song Dynasty, the fuel crisis in North China was becoming increasingly serious. In the extreme shortage of fuel situation, it was a historical necessity that people reject the high energy consumption industry. At the same time, coal was widely used as a fuel in iron and steel industry, which lead to a sharply declined of the quality of iron. So iron and steel industry in North China was gradually decline.

Keyword: Fuel Consumption; Iron and Steel Industry; Fuel Risk

The Voice of Silence in Environmental Governance—Taking Rural Society under the Prohibition of Straw Burning as an Example

Si Kailing / 172

Abstract: With the deepening of research in environmental sociology, researchers' understanding of subject participation in environmental governance has become more profound and detailed. As an environmental behavior, 'silence' is significant in the living world of actors. On the one hand, researchers need to draw on some classic literature to understand the subjectivity in silence. On the other hand, researchers need to break through the limitations of existing research methods in the field of environmental sociology, paying more attention to the "silent voices" in specific social structures and social relationship networks. That is, concerning with the bustle under the cover of "silence", in order to reveal the participation of different actors in environmental governance. "Silence" is a type of environmental discourse. The living world of farmers is filled with a lot of talk about the issue of straw, as well as their thinking about the relationship between the environment and society.

Keyword: Environmental Governance; Straw Burning; Silence; Comprehensive Utilization of Straw Silent Voices

Technology Governance Innovation and the Practical Mechanism of Low-carbon Transformation in Local Industries

Luo Yajuan / 184

Abstract: Under the new trend of digital transformation of environmental governance, what role can digital technology governance play in promoting industrial low-carbon transformation, and what is its deep logic? This study explores the social process of digital technology governance through a case study named Z City, and analyzes its practical mechanism using the theory of ecological modernization. This study found that the "economization of low-carbon production" and the "low carbonization of economic production" complement each other, which is the key to achieving breakthroughs in local industrial carbon governance. On the one hand, based on the development and application of industrial carbon efficiency codes, each enterprise is given a new "carbon identity", and a deep understanding of carbon with a sense of reality is established, driving the willingness to low-carbon transformation. On the other hand, with the development and application of industrial carbon efficiency codes as a good opportunity, local governments have established industrial carbon data warehouses, enhancing their collaborative capabilities among departments and targeted policy implementation capabilities for different regions, industries, and enterprises. Based on this, local governments have established a policy environment of "economization of low-carbon production" through policy system restructuring and policy dividends, and a wide range of enterprises have responded and converged to form a "low carbonization of economic production" effect. In the future, technology governance innovation with the goal of enabling enterprises to reduce carbon and improving government governance efficiency, and constructing institutional innovation that makes carbon reduction compatible with enterprise interests will be one of the important ways to promote the low-carbon transformation of industrial system.

Keywords：Ecological Modernization；Low-carbon；Technology Governance；Industrial Carbon Efficiency Code

Academic interview

The Academic Footprint Associated with Carbon—An Interview with Professor Fang Kai

图书在版编目（CIP）数据

环境社会学. 2023 年. 第 2 期：总第 4 期 / 陈阿江主
编. —— 北京：社会科学文献出版社，2023.9
　ISBN 978 - 7 - 5228 - 2336 - 2

　Ⅰ.①环…　Ⅱ.①陈…　Ⅲ.①环境社会学 - 中国 - 文
集　Ⅳ.①X2 - 53

中国国家版本馆 CIP 数据核字（2023）第 152692 号

环境社会学　2023 年第 2 期（总第 4 期）

主　　编 / 陈阿江

出 版 人 / 冀祥德
责任编辑 / 胡庆英
文稿编辑 / 刘　扬
责任印制 / 王京美

出　　版 / 社会科学文献出版社 · 群学出版分社（010）59367002
　　　　　　地址：北京市北三环中路甲 29 号院华龙大厦　邮编：100029
　　　　　　网址：www.ssap.com.cn
发　　行 / 社会科学文献出版社（010）59367028
印　　装 / 三河市龙林印务有限公司

规　　格 / 开　本：787mm × 1092mm　1/16
　　　　　　印　张：15.25　字　数：217 千字
版　　次 / 2023 年 9 月第 1 版　2023 年 9 月第 1 次印刷
书　　号 / ISBN 978 - 7 - 5228 - 2336 - 2
定　　价 / 89.00 元

读者服务电话：4008918866